全国高职高专"十二五"规划教材

计算机组装与维护项目实训教程

主　编　余桥伟　胡　振

副主编　王志宏　杨建存　云正富　廖远来

中国水利水电出版社

www.waterpub.com.cn

内 容 提 要

《计算机组装与维护项目实训教程》专为高职高专学生编写。该教程将来自于真实的工作情景中的计算机组装与维护工作任务分解成一个个项目,通过完成这些项目实训来实现对计算机组装与维护知识与技能的学习和掌握。

本教程依据项目优势,围绕计算机组装与维护最常见和最重要知识与技能组织教学内容;以能力培养、动手操作为核心,充分融入现代教学理念。全书分 12 个实训项目:微型计算机的组装,微型计算机 BIOS 设置,硬盘分区与格式化,安装操作系统,驱动程序的安装与管理,网络配置与Internet 接入,应用软件的安装与卸载,微型计算机性能测试,数据、系统的备份与还原,系统维护工具盘的制作,系统优化与日常维护,微机常见故障诊断与排除。正是项目的优势,当前计算机组装与维护最新技术的展示,大量简单实用的系统维护与优化操作,具有自主风格,功能强悍的系统维护工具盘制作,让你充分享受 DIY 带来的乐趣。

本教程可作为高职高专计算机专业和相关专业课程的教材,也可作为电脑公司装机与维护人员、DIY 爱好者的参考书。

图书在版编目（C I P）数据

计算机组装与维护项目实训教程 / 余桥伟,胡振主编. -- 北京 : 中国水利水电出版社,2014.8(2017.11 重印)
全国高职高专"十二五"规划教材
ISBN 978-7-5170-2126-1

Ⅰ. ①计… Ⅱ. ①余… ②胡… Ⅲ. ①电子计算机—组装—高等职业教育—教材②计算机维护—高等职业教育—教材 Ⅳ. ①TP30

中国版本图书馆CIP数据核字(2014)第123419号

策划编辑:寇文杰　责任编辑:张玉玲　加工编辑:周益丹　封面设计:李　佳

书　　名	全国高职高专"十二五"规划教材 计算机组装与维护项目实训教程
作　　者	主　编　余桥伟　胡　振 副主编　王志宏　杨建存　云正富　廖远来
出版发行	中国水利水电出版社 (北京市海淀区玉渊潭南路 1 号 D 座　100038) 网址:www.waterpub.com.cn E-mail: mchannel@263.net(万水) 　　　　sales@waterpub.com.cn 电话:(010) 68367658(发行部)、82562819(万水)
经　　售	北京科水图书销售中心(零售) 电话:(010) 88383994、63202643、68545874 全国各地新华书店和相关出版物销售网点
排　　版	北京万水电子信息有限公司
印　　刷	北京泽宇印刷有限公司
规　　格	184mm×260mm　16 开本　14 印张　354 千字
版　　次	2014 年 8 月第 1 版　2017 年 11 月第 3 次印刷
印　　数	4001—6000 册
定　　价	25.00 元

凡购买我社图书,如有缺页、倒页、脱页的,本社发行部负责调换

前　言

在计算机作为工具广泛使用的今天，了解计算机软硬件基础知识，掌握计算机的正确使用与维护方法，不仅是计算机专业学生必备技能，同时也成了广大非计算机专业学生的共同向往。经过多年的实践，在适合高等职业技术院校学生的基础上，我们编写了《计算机组装与维护项目实训》教程。该教程将计算机组装与维护知识与技能分解成一个个项目，而项目本身就是一个个计算机组装与维护案例，通过完成这些项目实训来实现对计算机组装与维护知识与技能的学习和掌握。

本教程内容新颖，深入浅出，层次清晰，图文并茂。理论以够用为度，注重实用性，着重培养学生的动手操作能力。全书分 12 个实训项目：微型计算机的组装，微型计算机 BIOS 设置，硬盘分区与格式化，安装操作系统，驱动程序的安装与管理，网络配置与 Internet 接入，应用软件的安装与卸载，微型计算机性能测试，数据、系统的备份与还原，系统维护工具盘的制作，系统优化与日常维护，微机常见故障诊断与排除。正是项目的优势，使各项目间相对独立，使用中可根据具体学习课时选择实训项目，同时各项目中的大量具体实用、简单易学的计算机使用与维护操作技术为学生课前和课后学习提供了广阔的实践空间。

本教程可作为高职高专计算机专业和相关专业课程的教材，也可作为电脑公司装机与维护人员、DIY 爱好者的参考书。

鉴于编者水平有限，书中难免存在疏漏和不妥之处，恳请广大读者批评指正。

编　者
2014 年 4 月

目　录

项目实训 1　微型计算机的组装

1.1　实训目标

1. 了解计算机硬件系统的组成；
2. 认识微型计算机硬件系统的各个部件及作用；
3. 掌握微型计算机硬件系统的各个部件安装方法；
4. 初步掌握微型计算机硬件选购和组装技能。

1.2　实训任务

1. 安装 CPU、内存和主板；
2. 安装卡类硬件；
3. 安装驱动器；
4. 连接外部设备；
5. 开机测试。

1.3　相关知识

1. 计算机系统概述

一个完整的计算机系统包括硬件系统（简称硬件）和软件系统（简称软件）两大部分。

硬件是指：组成计算机的所有物理设备。简单地说就是看得见摸得着的东西，包括计算机的 CPU、主存储器、输入设备、输出设备等。

软件是指在硬件设备上运行的程序、数据及相关文档的总称。软件是以文件的形式存放在硬盘、光盘、U 盘等存储器上，一般包括程序文件和数据文件两类。程序软件按照功能的不同，通常分为系统软件和应用软件两类。没有软件的计算机通常称为"裸机"，而裸机是无法工作的。

计算机硬件的性能决定了计算机软件的运行速度、显示效果等，而计算机软件则决定了计算机可进行的工作。可以这样说，硬件是计算机系统的躯体，软件是计算机的头脑和灵魂，只有将这两者有效地结合起来，计算机系统才能成为有生命、有活力的系统。随着计算机技术的不断发展，软件和硬件也在相互渗透、相互替代。原来由硬件完成的功能可以通过软件实现，由软件完成的功能也可以通过硬件实现。

1）计算机硬件系统

目前，计算机硬件系统基本上采用的是计算机的经典结构——冯·诺依曼结构，即由运算器（Calculator，也叫算术逻辑单元）、控制器（Controller）、存储器（Memory）、输入设备

（Input Device）和输出设备（Output Device）5 大部件组成。其中运算器和控制器构成了计算机的核心部件——中央处理器（Center Process Unit，CPU）。图 1-1 给出了计算机各功能部件的关系。图中的双向箭头线代表"数据信息"的流向，包括原始数据、中间数据、处理结果、程序指令等；单向箭头线代表"控制信息"的流，所有的数据或指令由控制器发出，按程序的要求向各部件发送控制信息，使各部件协调工作（注意箭头的方向性）。

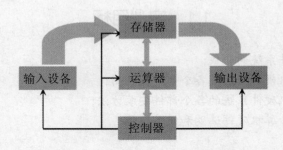

图 1-1　计算机硬件系统基本组成

（1）运算器。运算器是一个"信息加工厂"，数据的运算和处理工作就是在运算器中进行的。这里的"运算"，不仅指加、减、乘、除等基本算术运算，还包括若干基本逻辑运算。在控制器的控制下，运算器对取自存储器或寄存器的数据进行算术或逻辑运算，其结果暂存在内部寄存器或传到存储器。

（2）控制器。控制器是整个计算机的指挥中心，通过提取程序中的控制信息，经过分析后，按要求发出操作控制信号，使各部件协调一致地工作。它每次从存储器读取一条指令，经分析译码，产生一串操作命令，发向各个部件，控制各部件动作，实现该指令的功能；然后再读取下一条指令，继续分析、执行，直至程序结束，从而使整个机器能连续、有序地工作。

运算器和控制器结合在一起构成中央处理器，也就人们是常说的计算机"心脏"——CPU，它是计算机的核心部件。

（3）存储器。存储器是计算机的记忆装置，它的主要功能是存放程序和数据，程序是计算机操作的依据，数据是计算机操作的对象。存储器分为内存储器与外存储器两种。

（4）输入/输出设备。输入设备的主要作用是把程序和数据等信息转换成计算机能识别的编码，并按顺序送往内存，常见的输入设备有键盘、鼠标、扫描仪等。输出设备的主要作用是把计算机处理的数据、计算结果等内部信息按人们要求的形式输出。常见的输出设备有显示器、打印机、绘图仪、音箱等。

（5）系统总线。系统总线是 CPU 与其他部件之间传送数据、地址和控制信息的公共通道。根据传送内容的不同，分为如下 3 组，每组都由多根线组成。

①数据总线（Data Bus，DB）：用于 CPU 与主存储器、CPU 与 I/O 接口之间传送数据。数据总线的宽度（根数）等于计算机的字长。

②地址总线（Address Bus，AB）：用于 CPU 访问主存储器或外部设备时传送相关的地址，此地址总线的宽度决定 CPU 的寻址能力。

③控制总线（Control Bus，CB）：用于传送 CPU 对主存储器和外部设备的控制信号。这种结构使得各部件之间的关系都成为单一面向总线的关系，即任何一个部件只要按照标准挂接

到总线上，就可进入系统，可以在 CPU 统一控制下进行工作。

（6）输入/输出接口电路：输入/输出接口电路也称为 I/O（Input/Output）电路，即通常所说的适配器、适配卡或接口卡。它是微型计算机与外部设备交换信息的桥梁。

①接口电路结构：一般由寄存器组、专用存储器和控制电路几部分组成，当前的控制指令、通信数据及外部设备的状态信息等分别存放在专用存储器或寄存器组中。

②接口电路的连接：所有外部设备都通过各自的接口电路连接到微型计算机的系统总线上去。

③通信方式：分为并行通信和串行通信。并行通信是将数据各位同时传送；串行通信则是将数据各位依次传送。

2）计算机软件系统

计算机软件可分为系统软件和应用软件两大类。

（1）系统软件。系统软件是由计算机厂家或第三方厂家提供，一般包括操作系统、语言处理程序、计算机语言和数据库系统以及其他服务程序等。

①操作系统：操作系统是管理计算机软、硬件资源的一个平台。操作系统在计算机系统中的作用大致可以分为两方面：对内，操作系统管理计算机系统的各种资源，扩充硬件的功能；对外，操作系统提供良好的人机界面，方便用户使用计算机。它在整个计算机系统中具有承上启下的作用。目前计算机配置的常见的操作系统为 Windows、Linux、OS/2 等。

②语言处理程序：对于不同的系统，机器语言并不一致，所以任何语言编制的程序，最后都需要转换成机器语言，才能被计算机执行。语言处理程序的任务，就是将各种高级语言的源程序翻译成用机器语言表示的目标程序。语言处理程序按处理方式不同，可分为解释型程序与编译程序两大类。前者对源程序的处理采用边解释边执行的方法，并不形成目标程序，称作对源程序的解释执行；后者必须先将源程序翻译成目标程序才能执行，称作对源程序的编译执行。

③数据库系统：数据处理在计算机应用中占有很大比例，对于大量的数据如何存储、利用和管理，如何使多个用户共享同一数据资源，是数据处理中必须解决的问题，为此 20 世纪 60 年代末开发出了数据库系统，使数据处理成为计算机应用中的一个重要领域。数据库系统主要由数据库（Date Base，DB）和数据库管理系统（Data Base Management System，DBMS）组成。数据库是按一定方式组织起来的相关数据的集合。数据库系统与信息管理系统密切相关，是建立信息管理系统的主要软件工具。

④服务性程序：服务性程序是一类辅助性程序，它主要用于检查、诊断计算机的各种故障。

⑤计算机语言：计算机语言是面向计算机的人工语言，它是进行程序设计的工具，又被称为程序设计语言。程序设计语言一般可分为机器语言、汇编语言和高级语言。

机器语言：机器语言是最初级且依赖于硬件的计算机语言，是用二进制代码表示的，能让计算机直接识别和执行的一种机器指令的集合。机器语言全是由 0 和 1 组成的指令代码，具有灵活、直接执行和速度快等特点。

汇编语言：汇编语言是一种用助记符表示的、面向机器的计算机语言。汇编语言的特点是用符号代替了机器指令代码，而且助记符与指令代码一一对应，基本保留了机器语言的灵活性。汇编语言像机器指令一样，是硬件操作的控制信息，因而仍然是面向机器的语言，使用时比较烦琐费时，通用性也差。

高级语言：高级语言是人工设计的语言，因为是对具体的算法进行描述，所以又称算法语言。它是面向问题的程序设计语言，且独立于计算机的硬件，其表达方式接近于被描述的问题，易被人们理解和掌握。用高级语言编写程序，可简化程序编制和测试，其通用性和可移植性好。目前，计算机高级语言很多，据统计已经有好几百种，但被广泛应用的却仅有几种，它们有各自的特点和使用范围。如常用于软件开发的 C 语言；面向对象的程序设计语言 C++和用于网络环境的程序设计语言 Java 等。在计算机上，高级语言程序不能被直接执行，必须将它们翻译成具体的机器语言程序才能执行。

（3）应用软件。为解决计算机各类应用问题而编写的程序称为应用软件，如各种科学计算的软件和软件包、各种管理软件、各种辅助软件和过程控制软件等。

由于计算机的应用日益普及，应用软件的种类和数量在不断增加，功能不断齐全，使用更加方便，通用性越来越强，人们只要简单掌握一些基本操作方法就可以利用这些软件进行日常工作的处理。常见的应用软件分类如下：

①按软件获得方式可分为免费软件、共享软件、商业软件。

②按软件性质可分为装机软件、必备软件。

③按软件用途可分为网络软件、系统工具软件、网络聊天软件、图形图像软件、多媒体类软件、编程开发软件、教育教学软件、安全相关软件、娱乐游戏软件等。

2．微型计算机硬件结构

一台完整的微型计算机硬件系统是由主机和外部设备组成的。其中主机包括主板、CPU、存储器、显卡、机箱、电源、硬盘驱动器、光盘驱动器、声卡等部件。而外部设备包括显示器、键盘、鼠标、扫描仪、打印机、音箱等一些可选设备。下面简单地介绍其中一些最主要的硬件。

1）主机

（1）机箱和电源。机箱作为计算机主机的保护和装置工具，提供电源、主板、各种扩展卡、软盘驱动器、硬盘驱动器等存储器设备的安置空间。它起着保护内部各种设备，防尘、防压、防攻击，并且还能发挥防电磁干扰和屏蔽电磁辐射的作用，机箱如图 1-2 所示。

电源是计算机的供电来源，为计算机上所有设备提供电能，如图 1-3 所示。电源的功率大小和电压是否稳定，将直接影响计算机的工作稳定性和使用寿命。微型计算机的电源是根据其相应的电源标准设计和生产。计算机内部各部件工作电压比较低，一般在正负 12 伏以内，并且是直流电。而普通的市电为 220 伏（有些国家为 110 伏）交流电，计算机的电源必须将普通市电转换为计算机可以使用的直流电。由于计算机的核心部件工作电压较低，工作频率非常高，因此对电源的输出和抗干扰要求比较高。目前计算机的电源为开关电路，将普通交流电转为直流电，再通过滤波控制，将不同的电压分别输出给主板、硬盘、光驱等计算机部件。

图 1-2　计算机主机箱　　　　　图 1-3　计算机电源

（2）主板。主板又称为系统主机板（System Board），简称主板，是由一块多层印制电路板和上面的各种电子元器件组成。主板上有 CPU 插座、内存槽（Bank）、扩展槽（Slot）、主板芯片组、I/O 接口、电源接口和一些辅助电路。主板担负着操控和调度 CPU、内存、显卡、硬盘等周边子系统并使它们协同工作的重要任务，因此它对于个人计算机的重要程度丝毫不亚于 CPU。主板的主要结构及接口如图 1-4 所示。

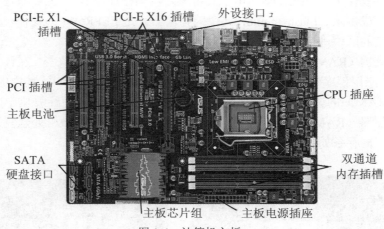

图 1-4　计算机主板

（3）CPU。CPU 是 Center Processing Unit 的缩写，即中央处理器，也称微处理器。它决定计算机系统的整体性能，可以说它是计算机的"心脏"，因为所有的指令和程序都在这里执行。它在很小的硅片上集成了数亿的晶体管，计算机的性能和执行指令的速度很大程度上由它决定。目前普遍采用将图形处理器 GPU 整合进 CPU，使 CPU 在浮点运算、并行处理方面性能得到大幅提高。CPU 从最初发展至今，按照其处理信息的字长，可以分为 8 位、16 位、32 位和 64 位几种。人们通常简单地称呼其型号，如 Pentium 4、Intel Core 2 Quad、Intel Core i7、AMD Athlon 64x2、AMD Phenom 等。Intel CPU、AMD CPU 如图 1-5 所示。

Intel CPU　　　　　　　　　　　　　　　AMD CPU

图 1-5　CPU

（4）存储器。存储器是计算机存储程序和数据的部件。存储器按其用途可分为主存储器和辅助存储器，主存储器又称作内部存储器，就是常说的内存，辅助存储器又称作外部存储器。人们平常使用的程序一般都是安装在硬盘等外存上的，但仅此是不能使用其功能的，必须把它们调入内存，再送入 CPU 处理，才能真正使用其功能。内存又分为随机存储器（RAM）和只读存储器（ROM）两种。

①只读存储器（ROM）：是只能从中读取信息而无法写入或改变信息的内存，即使在突然断电的情况下，其中的信息也不会消失，其中的信息是计算机厂商预先写入的。常见的 ROM有：EPROM（可擦除可编程存储器），利用高电压将程序写入，擦除时将窗口曝光于紫外线下，进行擦除，可重复使用。EEPROM（电子式可擦除可编程存储器），工作原理类似 EPROM，使用高电压来完成擦除。Flash memory（快闪存储器）是 EEPROM 的变种，为电子可擦除存储器，它以固定的区块进行擦写，比 EEPROM 的速度更快。

②随机存储器（RAM）：随机存储器的内容既可以读取又可以改变。在计算机工作时所需要的系统程序、应用程序和其他数据都会临时存放在这里，但如果断电，其中的信息也会消失。随机存储器（RAM）的读写速度远高于只读存储器（ROM），微型计算机中的主存储器容量一般为随机存储器（RAM）容量，即内存容量。内存容量越大，微机处理复杂问题的能力越强，速度越快。内存条如图 1-6 所示。

DDR2   DDR3

图 1-6　内存条

（5）硬盘。硬盘驱动器简称硬盘，它将若干个磁盘片和磁头密封在一个金属箱体内，磁头通过电子方法与磁盘表面的磁介质交换信息，以实现存取信息的目的。硬盘以其容量大、存取速度快而成为计算机的主要外存设备。一般的计算机可配置不同数量的硬盘，且都留有扩充硬盘的余地。目前一块硬盘的容量已从几百 GB，发展到目前的几千 GB，硬盘驱动器如图 1-7所示。

（6）光盘驱动器。光盘驱动器主要有 CD-ROM、DVD-ROM。由于光盘驱动器可以读取无数的光盘，而现在很多的软件、数据资料、电视剧、音乐等都存储在光盘里，光盘驱动器已成为计算机的标准配置。由于 CD-ROM 的容量最大只能达到 650MB，而 DVD-ROM 可以达到几个 GB，所以现在计算机基本都以 DVD-ROM 为主。将光盘刻录功能加入光盘驱动器中，成为可刻录光驱。可刻录光驱主要有 CD-R/RW 和 DVD-R/RW 等。光盘驱动器如图 1-8 所示。

（7）声卡。根据多媒体计算机 MPC 的计算机规格，声卡是多媒体计算机中最基本的组成部分，是实现声波与数字信号相互转换的硬件电路。声卡把来自话筒、磁盘、光盘的原始声音和信号加以转换，输出到耳机、扬声器、扩音机和录音机等设备，或通过音乐设备数字接口使乐器发出美妙的声音。不过，目前大部分的声卡一般都集成在主板上。声卡如图 1-9 所示。

（8）显卡。显示适配器简称显卡，它由图形处理器、显示存储器、显示系统 BIOS、控制电路和接口等部分组成。显卡一般是一块独立的电路板，负责将 CPU 送来的影像数据处理成显示器可以理解的格式，再送到屏幕上形成图像。在一体化结构中，显卡经历了集成到主板芯片组再到 CPU 上的变化。集成到主板芯片组或 CPU 上的显卡称集成显卡，集成显卡的显示效果与处理性能相对较弱,满足一般办公和商业应用。显卡是用户从计算机获取信息的最重要渠道,因此显卡也是计算机中不可缺少的一部分。显卡如图 1-10 所示。

2)外部设备

(1)显示器。显示器是计算机最重要的输出设备,在使用计算机时,所有工作的结果、编辑文件、程序都是通过显示器与使用者实现交互的。在进行计算机操作时,面对的就是显示器,显示器的好坏直接影响到使用者的健康。目前市场上的显示器主要是液晶显示器(LCD),显示器如图 1-11 所示。

(2)键盘和鼠标。键盘是最常用的输入设备之一,通过键盘,可以将文字、数字、标点符号等输入到计算机中,从而向计算机发出命令,输入数据等。同计算机其他部件一样,键盘也经历了 83 键、84 键和 101/102 键等几代。键盘如图 1-12 所示。

鼠标也是一种常用的输入设备,它是随着采用图形接口的操作系统的出现而出现的。鼠标是计算机外部设备中最便宜的一个部件,它的好坏也与人们的健康有关,但常常被人们忽视。目前常用的鼠标为三键光电鼠标。鼠标如图 1-13 所示。

图 1-7 硬盘   图 1-8 光驱   图 1-9 声卡

图 1-10 显卡   图 1-11 显示器   图 1-12 键盘   图 1-13 鼠标

3. 装机常识

(1)硬件选购的基本原则。装机要有自己的打算,不要盲目攀比,应按实际需要购买配件。因为计算机的配件发展迅速,不要一味追求“新”和“时髦”。遵循够用就好的原则,按自己的需求给自己量身定制一台计算机,既省钱,又满足了自己学习娱乐的需求。

如选购机箱时,一要注意内部结构合理化,便于安装,二要注意美观,颜色。电源关系到整个计算机的稳定运行,其输出功率不应小于 300W,有的处理器还要求使用 350W 的电源,应根据需要选择。总之,应根据实际情况,即个人用途和经济情况确定计算机的档次。攒机的原则:够用就行,省钱最好。

购买时要注意产品质量和售后服务保障,要让商家写清楚硬件的型号、价格等。此外还要将商家在硬件上贴的标签保护好,因为商家基本上都是凭标签上的日期进行保修服务的。

　　（2）微型计算机组装的基本流程。组装计算机时，可以按照下述步骤（当然不是一成不变，也可以按照哪个操作方便就先进行哪个操作的原则）有条不紊地进行。

　　①机箱电源的安装：主要是对机箱进行拆封，并且将电源安装在机箱里。

　　②CPU 的安装：在主板 CPU 插槽中插入所需的 CPU，并且安装上散热风扇。

　　③内存条的安装：将内存条插入主板内存插槽中。

　　④主板的安装：将主板安装在机箱底板上。

　　⑤显卡、声卡安装：根据显卡、声卡总线选择合适的插槽进行安装。

　　⑥驱动器的安装：主要针对硬盘、光驱进行安装。

　　⑦机箱与主板间的连线：即各种指示灯、电源开关线、PC 喇叭、硬盘、光驱、面板 USB 接口、音频接口等电源线和数据线的连接。

　　⑧输入设备、输出设备的安装：根据设备接口类型连接键盘、鼠标与显示器。

　　⑨再重新检查各个设备和接线是否正确稳固，准备进行通电测试。

　　⑩给机器加电，若显示器能够正常显示，表明初装成功，盖上机箱盖，完成硬件系统组装。

　　4．装机前准备工作

　　1）装机工具和环境

　　（1）装机工具。如果是专业的装机人员，需要准备的工具就比较多，但普通用户装机不必要准备全套的安装工具，只需准备以下的一些常用装机工具即可。

　　①标准螺丝刀。用于拆卸小器件（如电池等）和拆装部件，拆装固定螺丝。

　　规格：φ4.5*75mm 十字螺丝刀 1 只；

　　φ3*100mm 十字螺丝刀 1 只；

　　φ3*75mm 一字螺丝刀 1 只。

　　在装机时，要用两种螺丝刀工具：一种是"十"字形的，通常称为"梅花改锥"；另一种是"一"字形的，通常称为"平口改锥"。尽量选用带磁性的螺丝刀，因为在计算机内部，各个部件的安排比较紧凑，且螺丝较小，使用具有磁性的工具，操作起来就比较方便。但螺丝刀上的磁性不能过大，避免对部分硬件造成损坏。磁性的强弱以螺丝刀能吸住螺丝而不脱离为宜。

　　②钟表螺丝刀一套（这个是可选工具）。可用来拆装部件，拆装固定螺丝。

　　规格：#1、#0、#00 十字螺丝刀各 1 只；

　　1.4、1.8、2.3 一字螺丝刀各 1 只。

　　③镊子。由于主板部件之间的空隙很小，对一些较小的连线接口就需要镊子帮助。例如设置机箱与主板连线、硬盘跳线等。

　　④尖嘴钳。用于处理变形挡片。

　　规格：6 英寸钳。

　　⑤零件盒：具有多个格子，用于盛放螺丝的托盘。把螺丝、小部件分门别类放置，对维修有很大的帮助。其中的几种工具如图 1-14 所示。

　　（2）装机环境。安装计算机对室内环境有一定的要求，一是宽敞的装机空间，二是准备好电源插头。组装应该在平整宽敞的操作台上进行，不要在太过拥挤的环境中进行，以免发生硬件滑落、磕碰等情况，造成不必要的损失。计算机的插座必须是独立的，不要与其他家用电器设备共用一个插座，以防止这些设备干扰计算机。如果有条件，先用万能表测量电源的电压，要求大约为 220～240V。若电源波动范围较大，应使用 UPS 电源或稳压器。在炎夏时，如果室温过高，如超过 30℃，最好避免开机，以防止温度过高。保持室内整洁，打扫房间时，使用吸尘器，防止灰尘进入计算机的机箱内部。为了在冬季干燥季节防止静电，可在地面洒上一些水，保持室内有相对的湿度。

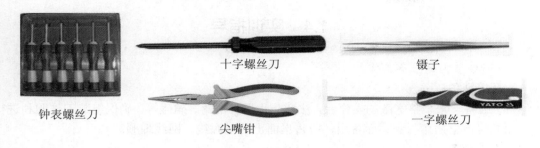

钟表螺丝刀　　　　　十字螺丝刀　　　　　镊子

尖嘴钳　　　　　一字螺丝刀

图 1-14　几种常用维修工具

2）装机硬件检查

需要安装的计算机硬件一般有机箱、电源、键盘、鼠标、主板、CPU、内存、硬盘、显卡、显卡器、光驱等。为了确认无误，尤其新购的硬件，在装机前再次进行以下检查。

（1）检测 CPU 是否为盒装正品（Intel 处理器主要看侧面序列号贴纸，如果发现该贴纸有两层则肯定不是盒装正品。注意保留好序列号贴纸，保修时需出示）。

（2）检查主板（主要查看主板包装盒内配件、光盘和数据线是否齐全，主板上处理器和显卡插槽处贴纸是否有被动过的痕迹）。

（3）检查内存（检查金手指部分是否有多次插拔而造成的划痕，即时拨打厂商查询电话，查询该内存是否为盒装正品）。

（4）检查硬盘、光驱（查看螺丝孔是否有磨损的痕迹，检查编号）。

（5）检查显卡、声卡和网卡等配件（检查金手指部分是否有多次插拔而造成的划痕，仔细查对产品编号，注意显卡型号应与配置单中完全一致，并查看显卡、声卡附赠的附件是否齐备）。

（6）检查显示器包装（查看显示器外箱是否有二次封装的痕迹，注意查看纸箱封条，并查看显示器附赠的配件是否齐备）。

（7）检查机箱电源（注意如果是机箱附带的电源，应检查电源型号是否有误）。如果配置与配置单有出入，应尽快找商家更换。

3）装机注意事项

（1）防静电。静电是指不同物体表面由于摩擦、感应、接触分离等原因导致的静态电荷积累，静电电压通常很高。尤其在冬、春季节气候干燥，产生的静电更多。装机中由于不断的摩擦产生静电，如果人带有这些静电，很可能将芯片内部的集成电路击穿。为防止人体所带静电对电子器件造成损伤，在组装硬件前，要先消除身上的静电。比如用手摸一摸自来水管、暖气管等接地设备或洗手，释放身体上的静电；如果有条件，可佩戴防静电腕带或手套。

（2）安装配件细心、稳固。对各个部件要轻拿轻放，注意插接方向，不要碰撞，尤其是硬盘。在安装主板、固定配件时一定要稳固，特别要防止主板变形，以免对主板的电子线路造成永久性损伤。

（3）安装过程中要防止螺丝等异物掉进机箱内，要注意避免汗水滴在机箱内器件上，不能用带汗的手接触印刷电路，尤其不要用手直接接触 CPU、内存、板卡的接脚。

（4）在任何情况下，严禁带电进行组装操作。

1.4   实训指导

1. 做好组装前的准备工作

1）环境准备

（1）准备一张平整宽敞的操作台，注意防止器件滑落、磕碰等，确保组装工作顺利进行。

（2）将市电插排引到桌面备用，或将桌面上的电源线、网线理顺。

2）工具准备

将十字螺丝刀，尖嘴钳，镊子等工具放在桌上备用。

3）材料准备

把准备好的装机用的主板、CPU、内存条、各种板卡、硬盘、光驱、电源、机箱、键盘、鼠标逐一在桌面上摆放好。

2. 组装主机

1）在主板上安装 CPU 和内存条

目前，CPU 分为两大类：一类是 Intel 系列的 CPU，其插槽类型主要是 LGA1366；另一类是 AMD 系列的 CPU，其插槽类型主要是 Socket AM3。安装时，要先确认 CPU 接口类型与主板上的接口相对应，找到定位特征点。同样，内存条也需要与主板上接口相对应才能安装。目前，常用的内存是 DDR 2 和 DDR 3，在安装前要确认安装什么类型的内存，根据缺口定位。

（1）安装 CPU。虽然不同的 CPU 对应的主板不相同，但是安装的方法大同小异，都是先把主板中 CPU 插槽的摇杆拉起，把 CPU 放下去，然后再把摇杆压下去。

下面以 Intel 的 Socket 755 类型 CPU 的安装为例进行介绍。

①拿出准备安装的主板，然后在主板上找到 CPU 的插槽，如图 1-15 所示。

②用手轻轻地把 CPU 插座侧面的手柄拉起，拉起时要稍向外用力，拉起到最高的位置，如图 1-16 所示。

③用手轻轻把 CPU 正面的压盖拉起，拉起到最高的位置，如图 1-17 所示。

图 1-15 找到 CPU 的插槽   图 1-16   拉起 CPU 插座侧面的手柄   图 1-17   拉起 CPU 正面的压盖

④拿出需要安装的 CPU，如图 1-18（a）所示。

⑤找到 CPU 针脚的一处缺口，把 CPU 缺口对着主板 CPU 插槽上的缺口，这里演示的 CPU 为 Socket 755 接口型号，CPU 没有针脚，如图 1-18（b）所示。

（a）拿出准备安装的 CPU

（b）把 CPU 缺口对着 CPU 插槽缺口

图 1-18　安装 CPU

⑥把 CPU 轻轻地放入插槽中，如图 1-19 所示。安装时一定要对准，这是有方向性的，否则会损坏 CPU 或主板。

⑦用手轻轻把 CPU 压盖压下，直到恢复原位。再轻轻把 CPU 插座侧面的手柄压下，直到恢复原位，如图 1-20 所示。记住，是先把压盖压下再将手柄压下。

图 1-19　把 CPU 装到主板的 CPU 插槽中

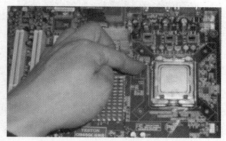
图 1-20　轻轻压下 CPU 插座侧面的手柄

⑧接着在 CPU 的表面涂上散热硅胶，以便处理器与散热器有良好的接触，如图 1-21 所示。涂抹时不能涂到 CPU 以外和 CPU 表面的孔中，以免发生短路。

⑨打开散热器的包装，可以看到，这种 CPU 配置的散热器与一般的散热器不一样，它多出一个垫板，如图 1-22 所示。垫板安放在主板的底部，散热器安装在 CPU 的上面。

图 1-21　在 CPU 的表面涂上散热硅胶

图 1-22　CPU 风扇和垫板

⑩把主板底面翻转过来，然后再把垫板对准主板上的 4 个孔，如图 1-23 所示。

⑪把主板翻回到正面，再把散热器对准主板上的 4 个固定孔轻轻压下去，压下的同时要对准垫板的 4 个孔，如图 1-24 所示。

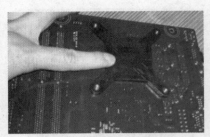

图 1-23 把垫板对准主板上的 4 个孔   图 1-24 把散热器对准主板上的 4 个固定孔

⑫拧紧 4 根螺丝，即可把散热器牢牢地固定在主板和 CPU 的上面，如图 1-25 所示。

⑬参看主板说明书，找到散热器的电源接头和主板上的电源插槽，然后把接头插到插槽上，如图 1-26 所示。至此，Intel 系列的 CPU 就安装好了。

图 1-25 拧紧螺丝固定散热器   图 1-26 连接散热器的电源

（2）安装内存条。在安装内存条之前，首先要确认主板是否支持选用的内存，如果强行安装会损坏内存或主板。下面以 DDR II 内存为例，介绍其安装方法。

①拿出准备要安装的内存条，并在主板上找到内存插槽，如图 1-27 所示。

②掰开内存插槽两边的固定卡子，观察内存条接脚上的缺口和内存插槽上的定位隔断，将内存条的凹口对准内存插槽凸起的部分，均匀用力将内存条压入内存插槽内，如图 1-28 所示。压下前要注意，内存条接脚的两边是不对称的，要看清楚了再按下去。

图 1-27 主板上的内存插槽   图 1-28 将内存条压入内存插槽内

③当往下压内存条时，插槽两边的固定卡子会自动卡住内存条，如果能听到固定卡子复位所发出"咔"的声响，表明内存条已经完全安装到位。如果有多条内存条，可以使用同样的方法进行安装，如图 1-29 所示。

提示：目前大部分的主板都支持双通道或三通道内存技术。在安装双通道内存条时，如果主板上有 4 个内存插槽，一般用两种颜色表示，分别为 A1、A2、B1 和 B2，那么相同牌子、相同容量、相同型号的内存条就需要安装在 A1 与 B1 或 A2 与 B2 插槽中，如图 1-30 所示。

图 1-29　安装多条内存条

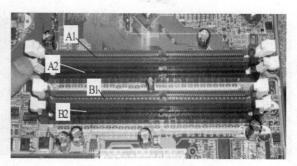
图 1-30　双通道内存插槽

2）把电源安装到机箱上

把电源安装到机箱上的步骤如下。

（1）打开机箱的外包装，会看见很多附件，如螺丝、挡片等，如图 1-31 所示。

（2）用手或螺丝刀拧下机箱板盖上的螺丝，如图 1-32 所示。

图 1-31　打开机箱的外包装

图 1-32　拧下机箱板盖上的螺丝

（3）取下机箱两个侧面的外壳盖子，如图 1-33 所示。

（4）拿出准备要安装的电源，如图 1-34 所示。

图 1-33　取下机箱两个侧面的外壳

图 1-34　拿出准备要安装的电源

（5）把电源放进机箱尾部上端相应的位置，如图 1-35 所示。

（6）从外面用螺丝固定电源，拧紧电源 4 个角上的螺丝，如图 1-36 所示。

（7）安装时要注意方向性，否则无法固定螺丝，电源安装好的效果如图 1-37 所示。

图 1-35   安装电源

图 1-36   拧紧螺丝

图 1-37   安装好的电源

3）把装有 CPU、内存的主板安装到机箱内

（1）在安装主板之前，先找到机箱配件的螺丝，如图 1-38 所示。

（2）把螺丝拧在机箱底板上的相应位置，如图 1-39 所示。

图 1-38   要安装的螺丝

图 1-39   把螺丝拧在机箱底板上相应的位置

（3）找出主板配件的输入/输出挡板，同时整理机箱的输入/输出位置，如图 1-40 所示。

（4）把输入/输出挡板安装在机箱上的相应位置，安装时只需卡到位即可，不需要拧螺丝，如图 1-41 所示。然后用螺丝刀，整理好输入/输出挡板，让输入/输出孔都打开。

图 1-40   输入/输出挡板

图 1-41   安装输入/输出挡板

（5）把主板安装到机箱的底板上，如图 1-42 所示，并调整主板上的输入/输出接口与机箱上的输入/输出孔对齐，在机箱的后面可以看到是否对齐。

（6）用螺丝对着主板的固定孔安装（一般需要安装 6 个螺丝，最好在每颗螺丝中垫上一块绝缘垫片），拧紧螺丝以固定主板，如图 1-43 所示。

图 1-42　把主板安装到机箱　　　　　　　　图 1-43　用螺丝固定主板

（7）接着是连接电源线，目前的主板一般需要连接两条电源线，一条是主板供电 24 针电源线，另一条是给 CPU 供电的电源线（4 针）。

从电源输出中找到主板供电电源接头，再在主板上找到电源的接口，把电源接头插入该接口中，让两个塑料卡子互相卡紧，如图 1-44 所示。

图 1-44　把电源接头插入主板上相应的接口

4）安装各种板卡

一般说来，显卡、声卡和网卡等统称为卡类硬件，这些卡类硬件是连接计算机内部系统与外部其他设备的数据链，如显卡、声卡和网卡分别与外部的显示器、音箱和局域网的网线连接。不过目前大部分的主板都集成了声卡这一设备，因此无须安装外置的 PCI 声卡。使用时注意在 BIOS 中启用板载声卡（该功能默认是启用的）即可。显卡、声卡和网卡的安装方法都是一样的，只要在安装前确认该卡是否与主板上的接口类型兼容即可。下面以安装显卡为例进行介绍。目前主流显卡是 PCI Express 接口的显卡。

（1）用螺丝刀拧下机箱后面扩展卡的保护盖螺丝，如图 1-45 所示。

（2）取下该保护盖（根据机箱的不同而不同，有的机箱没有保护盖），如图 1-46 所示。

图 1-45　用螺丝刀拧下保护盖的螺丝

图 1-46　取下扩展卡保护盖

（3）在主板上找到唯一的 PCI-E 插槽，并将主板上与机箱后面对应的 PCI-E 插槽的挡板取下，如图 1-47 所示。

（4）将显卡对准主板的 PCI-E 插槽插下，直至整个显卡接口全部插入插槽中，在插入的过程中，要用力适中并要插到底部，保证卡和插槽接触良好，如图 1-48 所示。

图 1-47　取下机箱后面对应的挡板

图 1-48　将显卡插入插槽中

（5）找出机箱配备的螺丝，把螺丝放在显卡与机箱的固定孔上，然后用螺丝刀固定显卡，如图 1-49 所示。

（6）把扩展卡的保护盖安装回去，并拧紧螺丝，固定保护盖，如图 1-50 所示。

图 1-49　固定显卡

图 1-50　固定扩展卡的保护盖

提示： 如果主板集成了声卡，但又想安装外置的 PCI 声卡，一般还需要在 BIOS 中屏蔽板载声卡。

5）安装硬盘和光驱

（1）安装 IDE 硬盘。

①在安装 IDE 接口硬盘之前，先要进行跳线设置。一般的跳线设置有单硬盘（Spare）、主盘（Master）和从盘（Slave）3 种模式。在硬盘的背面，找到跳线说明。不同品牌和型号的硬盘的跳线指示信息也不同，一般在硬盘的表面或侧面标示有跳线指示信息。

②参照硬盘跳线说明，将硬盘跳线设置为主盘位置（新买的硬盘一般是在主盘的位置，所以一般不需要做这个设置），如图 1-51 所示。

③找出硬盘和光驱的数据线，如图 1-52 所示。此时需要注意，数据线的第一针上通常有红色标记、印有字母或花边。此外，硬盘数据线是 80 针，而光驱数据线是 40 针，虽然它们可以互换使用，但互换后其数据传输速度效果会不一样。

图 1-51　进行硬盘跳线　　　　　　图 1-52　硬盘和光驱的数据线

④在机箱内找到硬盘驱动器舱，再将硬盘安装到驱动器舱内，如图 1-53 所示。

⑤让硬盘侧面的螺丝孔与驱动器舱上的螺丝孔对齐，然后用螺丝刀将硬盘固定在驱动器舱中，如图 1-54 所示。

图 1-53　将硬盘安装到驱动器舱内　　　　图 1-54　用螺丝刀固定硬盘

⑥辨认数据线的方向，把硬盘数据线的一端插入主板上的 IDE 接口中，如图 1-55 所示。

⑦将数据线插入硬盘的 IDE 接口中，如图 1-56 所示。方向不对是无法插入 IDE 接口中的，因为数据线具有"防插反"设计。此外，硬盘或主板的 IDE 接口上有一个缺口，与数据线接头上的凸起互相配合，这就是"防插反"设计，而且硬盘接口的第一针是靠近电源接口的一边的，只要记住这个原则，就不会插错。

⑧从电源引出线中选择一根电源线，并辨认其方向，将电源引出线插入到硬盘的电源接口中，如图 1-57 所示。同样，电源引出线与硬盘的电源接口同样有方向性，只能从一个方向插入，否则是无法插进去的。

图 1-55　把硬盘数据线的一端插入主板上的 IDE 接口中

图 1-56　连接硬盘数据线

图 1-57　将电源引出线插入到硬盘的电源接口中

（2）安装串口硬盘。

串口（Serial ATA）硬盘与 IDE 接口不同，它的数据传输是通过一根四线电缆与设备相连接来代替传统的硬盘数据排线，电缆的第 1 针供电，第 2 针接地，第 3 针作为数据发送端，第 4 针充当数据接收端，由于串行 ATA 使用点对点传输协议，所以不存在主/从盘的问题。串口硬盘的安装方法与 IDE 硬盘类似，只是它们的数据线不一样，在连接时略有不同，方法如下。

①将数据线的一端连接到串口硬盘的接口，如图 1-58 所示。

②将数据线的一端连接到主板串口接口，如图 1-59 所示。

③在电源引出线中，将电源线与电源接头和硬盘上的电源接口连接，如图 1-60（a）所示。但是，以前的电源不提供直接连接到串口硬盘的接口，需要使用一种转接头，即用转接头一端连接到电源的一般接口，然后将转接头的另一端连接到串口硬盘的电源接口，如图 1-60（b）所示。

图 1-58　将数据线的一端连接到串口硬盘

图 1-59　将数据线的一端连接到主板

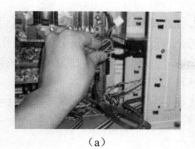
(a)

(b)

图 1-60 连接串口硬盘电源线

（3）安装光驱（刻录机或 DVD 驱动器）

CD-ROM、DVD-ROM 驱动盘和刻录机的外观与安装方法都基本一样。下面以安装 DVD 驱动器为例，介绍其操作方法。

①从机箱的面板上，取下一个五寸槽口的塑料挡板，如图 1-61 所示。操作时，用手从机箱内部往外推挡板即可。

②取下一块挡板后，把 DVD 驱动器从拆开的槽口放进去，如图 1-62 所示。

③在机箱的两侧用两颗螺丝初步固定驱动器，如图 1-63 所示。如需要再安装其他驱动器（如刻录机），只需再拆开一个机箱的塑料挡板，然后使用同样的方法进行安装即可。

图 1-61 取下一块挡板

图 1-62 把光驱从前面放进去

图 1-63 用螺丝固定 DVD 驱动器

④拿出光驱的数据线，将数据线的尾端插入 DVD 驱动器的 IDE 接口中，如图 1-64 所示。

⑤将数据线连接到主板上的另一个 IDE 接口上（假设硬盘已经占用一个 IDE 接口），如图 1-65 所示。

图 1-64 把数据线插入 DVD 驱动器接口中

图 1-65 将光驱数据线连接到主板上

⑥从电源的引出线中选择一根电源接头，并将它插入 DVD 驱动器的电源线接口中，如图 1-66 所示。操作时并没有固定的先后步骤，一般是哪个操作方便就先进行哪个操作，如连接驱动器数据线或电源线时，为了方便操作，也可以等全部驱动器安装完成后，再连接数据线和电源线，这样可以防止数据线阻碍其他部件的安装操作。

提示： 声卡还配备有一条音频线，可以将音频线的一端接到光驱上，另一端接到声卡上，以便在用光驱播放声音文件时用到。

6）连接机箱面板信号线

（1）把机箱信号线连接到主板上。

在组装计算机的过程中，把机箱信号线连接到主板（即机箱面板上开机、重启和硬盘指示灯等接头）是比较有难度的操作，下面具体介绍这个操作。

①在机箱内找到 5 组信号线的连接线头，它们分别是电源开关、电源指示灯、硬盘指示灯、重启开关和 PC 喇叭，如图 1-67 所示。

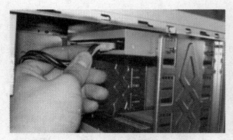
图 1-66 连接 DVD 驱动器的电源线

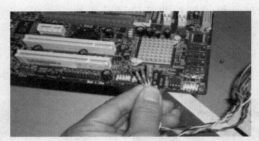
图 1-67 机箱内的信号线

②在主板上，一般会标有相应的安装方法，也可以参看主板的说明书，找到信号线连接的详细说明，不同的主板连接方法有所不同，假设有一块主板的连接示意图如图 1-68 所示。

③找出 Reset SW 连接线（不同的机箱可能名称不一样，它是两芯接头，并且线头上有文字标注），如图 1-69 所示，把它连接到主板的 Reset 插针（即 5-7 插针）上，该接头无正负之分。Reset SW 的一端连接到机箱面板的 Reset 开关，按下该开关时产生短路，松开时又恢复开路，瞬间的短路就可以使计算机重新启动。

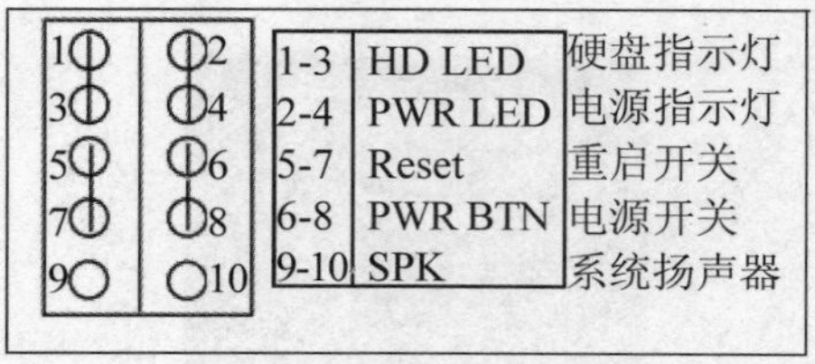

1○	○2	1-3	HD LED	硬盘指示灯
3○	○4	2-4	PWR LED	电源指示灯
5○	○6	5-7	Reset	重启开关
7○	○8	6-8	PWR BTN	电源开关
9○	○10	9-10	SPK	系统扬声器

图 1-68 某主板信号线连接示意图

图 1-69 找出 Reset SW 连接线

④PWR SW 是连接到机箱上的总电源的开关。找到标注有 PWR SW 字样的连接线后，把它插到主板上标为 PWR BTN 插针（即 6-8）中。该接头是一个两芯的接头，和 Reset 接头一样，按下时就短路，松开时就开路，按一下计算机的总电源就开通，再按一下就关闭。

⑤找出标注有 POWER LED 字样的连接线，把它插到主板上标为 PWR LED 的插针（即 2-4）中，该插针 1 线通常为绿色，连接时绿线对应第 1 针。POWER LED 是电源指示灯的接线，启动计算机后电源指示灯会一直亮着，该线插反，指示灯则不亮。

⑥SPEAKER 是系统扬声器的接线，找到标注有 SPEAKER 的连接线，然后把它插到主板上标为 SPK 的插针（即 9-10）中。

⑦找到标注有 H.D.D LED 字样的连接线，把它插到在主板上的 HD LED 插针（即 1-3）上。该接头为两芯接头，一线为红色，另一线为白色，一般红色（深颜色）表示为正，白色表示为负。在连接时红线要对应第 1 针。H.D.D LED 是硬盘指示灯的接线，计算机读、写硬盘时，硬盘指示灯会亮（对 SCSI 硬盘不起作用），该线插反，指示灯则不亮。

连接信号线的工作比较烦琐，需要有一定的耐心，而且要细心操作，插针的位置如果在主板上标记不清，最好参看主板的说明书。连接信号线后的效果如图 1-70 所示。

（2）连接 USB 扩展线和前置音频面板接头。

目前的主板都支持扩展 USB（以前的主板只提供两个 USB 接口，目前的主板一般提供 4～6 个 USB 接口，除了在输入/输出接口中提供的两个外，一般使用扩展连接的方法连接到机箱的前面，以方便在 USB 接口不够用时使用）和音频输出接到机箱的前端面板，这样方便连接 USB 设备和音频设备。相应地，大部分的机箱也具有这样的一组扩展线。下面介绍如何连接 USB 扩展线。

①在机箱上找到 USB 扩展接线，线上一般标注有+5V（或 VCC）、-D（或 Port-）、+ D（或 Port+）和 Ground 等字样（不同的机箱标注方式不一样），如图 1-71 所示。

图 1-70　各种信号连接线安装完成　　　　图 1-71　找到 USB 扩展接线

②在主板上找到一排 USB 扩展线的插针，并且参照主板说明书，找到其相应插针，如图 1-72 所示（不同的主板标注的方式不一样）。扩展的 USB 接口一般有两个，所以其扩展线也有两组。

③将两组 USB 扩展线插入主板相应的插针中，VCC、Port-(-D)、Port+(+D)和 Ground 分别对应插入 VCC、P-、P+和 GND 中，如图 1-73 所示。不明确的地方可以参看主板的说明书。

此外，有的机箱还需要安装前置音频，它是方便插耳机用。安装时，在机箱引出线中找到前置音频引出线，同样参看主板说明书，在主板上找到前置音频的插针，参照 USB 扩展线连接方法把接头连接到相应的插针上即可。

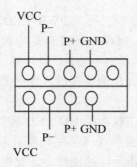

VCC

P–

P+ GND

P+ GND

P–

VCC

图 1-72　扩展 USB 插针示意图

图 1-73　将 USB 扩展线插入主板相应的插针中

7) 连接外部设备

安装完主机，接着是连接各种外接设备，包括连接显示器、键盘、鼠标、有源音箱、打印机、扫描仪和摄像头等。

（1）安装显示器。

默认情况下，显示器背面有一根引出线，它是显示器的数据线。安装时需要将数据线连接到显卡的信号线接口上。再把电源线的一端连接到显示器，另一端连接到市交流电插座上即可。下面介绍连接显示器的具体操作。

①把显示器的信号线接到安装在主板上的显卡的输出接口中，并拧紧螺丝，因为数据线具有方向性，因此，连接的时候要和插孔的方向保持一致，如图 1-74 所示。

②把显示器的电源线连接到电源上。

（2）安装键盘和鼠标。

①准备好键盘和鼠标，如果是 PS/2 接口的键盘（或鼠标），则需要插入主板的 PS/2 接口中，如图 1-75 所示。插入时需要注意，键盘和鼠标的 PS/2 插孔是有区别的，键盘接口的 PS/2 插孔是靠向主机箱边缘的那个插孔，鼠标的 PS/2 插孔紧靠在键盘插孔旁边。此外，还可以用颜色来区分它们，键盘的 PS/2 插孔一般是浅蓝色（与键盘的接头颜色一致），而鼠标的 PS/2 插孔一般为浅绿色（与鼠标的接头颜色一致）。

图 1-74　显示器信号线连接到显卡接口上

②如果是 USB 接口的键盘或鼠标，则需要把这两种设备连接到主机上的 USB 接口中，图 1-76 所示的是连接 USB 接口鼠标的示意图。

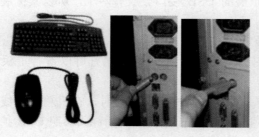

图 1-75　连接 PS/2 键盘和鼠标

图 1-76　连接 USB 接口的鼠标

（3）连接音箱。

音箱分为有源音箱和无源音箱两种类型，无源音箱是指不需要使用交流电的音箱，这种音箱功率小，效果不如有源音箱好，比如耳机就属于无源音箱的一种（它的连接非常简单，只需把音频线连接在声卡的 Speaker Out 接口中即可，如果有麦克风的话，则会有两条连接线，红线一般为麦克风，需要插入 MIC 接口）。下面介绍有源音箱的连接方法。

①准备好要安装的音箱，连接音箱的操作都是在音箱的背面进行的。下面先看一下音箱背面，左边的是主音箱，右边的是副音箱，如图 1-77 所示。

②先连接主、副音箱。分别掰开主、副音箱上的卡子，将音频线插进接口中，然后再合上卡子，固定音频线，如图 1-78 所示。

图 1-77　安装的音箱

③找出音箱的音频线，将音频线一端（有红、白两个插头的一端）连接在音箱的输入口中（红线插红插孔，白线插白插孔），如图 1-79 所示。

④将音频线的另一端连接在声卡的 Speaker Out 接口中，如图 1-80 所示。

⑤把音箱的电源线插到交流电的插座上。

图 1-78　连接主副音箱　　　　　图 1-79　连接主音箱　　　　　图 1-80　连接声卡

（4）连接打印机和扫描仪。

打印机接口有 SCSI 接口、EPP 接口、USB 接口 3 种。一般使用的是 EPP 和 USB 两种。如果是 USB 接口的打印机，可以使用其提供的 USB 数据线与计算机的 USB 接口相连接，然后连接电源即可。

①找出打印机的电源线和数据线。

②根据接口类型把数据线的一端插入计算机的打印机端口中，需螺丝固定的则拧紧螺丝。

③在打印机的背面找到打印机的电源接口和数据线接口。把数据线的另一端插入打印机的数据线端口中。

④将打印机电源线插入电源接口中。

提示：目前，一般常用的是 USB 接口的扫描仪，安装时，只需将 USB 线插入扫描仪的 USB 接口中，将电源线插入扫描仪的电源线接口中，将数据线的另一端连接到计算机的 USB 接口中，再将连接到扫描仪的电源线接到交流电的插座即可。此外，数码相机和摄像头的连接方法也很简单，它不需要连接电源线，只需把数码相机或摄像头的数据线与计算机的 USB 接口连接即可。

　　将所有硬件设备安装完成后，再次检查所有连接安装处，看有没有漏接，板卡安装是否到位，螺丝有无松动，连线是否有搭落在风扇上等，及时处理安装过程中出现的问题。

　　确定组装无误后准备通电试机。试机操作为：

　　（1）把电源线一端连接到交流电的插座上，另一端连接到机箱的电源插口中。

　　（2）打开显示器电源开关。

　　（3）按下计算机的 POWER 开关，观察电源指示灯亮起，电源、CPU 风扇转动，硬盘指示灯闪动，显示器开始出现开机画面，并且进行自检，到此说明组装正确，关机。

　　（4）整理机箱内部接线，用塑料扎线把散乱的线整理好，就近固定在机箱上。最后，盖上机箱盖，整理工具，结束组装。

1.5　思考与练习

　　1．说说安装一台计算机需要的最基本的配件有哪些。

　　2．说出本次实训组装的计算机主板、CPU、内存、硬盘、光驱的型号和规格。

　　3．装计算机前为什么要释放静电？如何释放静电？

　　4．机箱面板信号连线有哪些？都有些什么标号？如发现信号指示灯不亮怎样解决？

　　5．简述组装计算机的基本步骤。

　　6．在安装 CPU 时要注意哪些问题？如何安装？

　　7．在安装硬盘时要注意哪些问题？如何安装？

项目实训 2 微型计算机 BIOS 设置

2.1 实训目标

1. 了解 BIOS 的主要功能；
2. 熟悉 BIOS 的设置方法；
3. 掌握常用 BIOS 项目设置技能；
4. 了解 UEFI BIOS。

2.2 实训任务

1. 进行常用 BIOS 项目设置；
2. 进行常用 UEFI BIOS 项目设置。

2.3 相关知识

1. BIOS 芯片与 CMOS

BIOS（Basic Input/Output System，基本输入/输出系统）是固化在计算机中最基础、最重要的一组程序，BIOS 是硬件与软件程序之间的一个"转换器"，负责解决硬件的即时需求，为计算机提供最低级、最直接的硬件控制，即按软件对硬件的操作要求作出反应。BIOS 程序存放在主板上的一个 ROM 芯片中。现在主板 BIOS 几乎都采用 Flash ROM，一个可快速读写的 EEPROM（Electrically Erasable Programmable ROM，电可擦写可编程 ROM）。目前常见的 BIOS 大都采用 Phoenix-Award 或 AMI 公司的产品。不同产品软件代码也不同。如图 2-1 所示。

图 2-1 BIOS 芯片

在 BIOS 设置中经常又不准确地被称为 CMOS 设置，尽管它们指的是同一个意思，但两个概念完全不同。CMOS（Complementary Metal Oxide Semiconductor）意即"互补金属氧化物半导体"，它是计算机主板上的一块可读/写的 RAM 芯片，用来保存当前系统的硬件配置情况和用户对某些参数的设定。CMOS 芯片由主板上的充电电池供电，即使系统断电，参数也不会丢失。CMOS 芯片只有保存数据的功能，而对 CMOS 中各项参数的修改要通过 BIOS 程序来实现。准确地说，BIOS 是用来完成系统参数设置与修改的工具（即是软件），CMOS 是设定系统参数的存放场所（即硬件）。

2. BIOS 的基本功能

（1）自检及初始化：开机后 BIOS 最先被启动，即执行上电自检（Power On Self Test）程序，对电脑的硬件设备进行完全彻底的检验和测试。通常完整的 POST 自检，包括对 CPU、64K 基本内存、主板、CMOS 存储器、串并口、显卡、辅助存储器及鼠标、键盘等外设进行测试，如果发现严重故障，则停机，不给出任何提示或信号；如果发现非严重故障，则给出屏幕提示或声音报警信号，等待用户处理。如果未发现任何问题，则将硬件设置为备用状态，并启动操作系统，把控制权交给用户。

（2）程序服务功能：BIOS 直接与计算机的 I/O（Input/Output，输入/输出）设备（如光驱、硬盘等）打交道，通过特定的数据端口发出命令，向各种外部设备传送或接收数据，实现软件程序对硬件的直接操作。

（3）设定中断：开机时，BIOS 会告诉 CPU 各硬件设备的中断号，当用户发出使用某个设备的指令后，CPU 就根据中断号使用相应的硬件完成工作，再根据中断号跳回原来的工作。BIOS 中断服务程序实质上是计算机系统中软件与硬件之间的一个可编程接口，主要用于程序软件功能与计算机硬件之间的对接。

3. 设置 BIOS 的意义

一块主板的性能优越与否，与主板上的 BIOS 管理功能是否先进以及 BIOS 设置是否恰当有直接联系。由于计算机硬件设备使用目的和生产厂家不同，在品牌、类型、性能上有很大不同，对应的设置参数也不同。使用前必须确定硬件配置的参数，存入计算机，以便计算机启动时能够读取这些参数，配置设备，保证系统正常运行。当前 BIOS 程序识别硬件设备，自动进行参数配置功能越来越强，使 BIOS 设置越来越简单。

在下列情况下，需要进行 BIOS 设置。

（1）新组装的计算机。虽然 PNP 功能可以识别大部分的计算机外设，但是部分参数如系统日期和时间等是需要手动设置的。

（2）新添加设备。部分 BIOS 不一定能识别新添加的设备，可通过 BIOS 设置来告诉它。

（3）CMOS 数据丢失。如果主板 CMOS 电池失效等，就需要重新设置 BIOS 参数。

（4）系统优化。通过 BIOS 设置，可以优化系统，例如加快内存读取时间，选择最佳的硬盘传输模式，启用节能保护功能，设置开机启动顺序等。

4. EFI

EFI（Extensible Firmware Interface，可扩展固件接口），是 Intel 公司为主导个人电脑技术研发的一种在未来的 PC 系统中替代 BIOS 的升级方案，常称为 EFI BIOS。

EFI BIOS 采用模块化、C 语言等技术构建，容错和纠错能力很强，运行于 32 位或 64 位模式。它利用加载 EFI 驱动的形式，识别及操作硬件，而不是像传统 BIOS 利用中断的方式实现硬件的功能，并且 EFI 驱动程序适用于支持 EFI Byte Code 的各类操作系统平台，表现出超强的系统兼容性。在 EFI 的操作界面中，鼠标成为了替代键盘的输入工具，各功能调节的模块也做成和 Windows 程序一样的图形界面，可以说，EFI BIOS 设置就像操作 Windows 一样方便。

EFI BIOS 主要由 Pre-EFI 初始化模块、EFI 驱动执行环境、EFI 驱动程序、兼容性支持模块（CSM）、EFI 高层应用、GUID 磁盘分区组成。Pre-EFI 初始化模块和 EFI 驱动执行环境通常被集成在一个只读存储器中。系统开机时首先执行 Pre-EFI 初始化程序，它负责最初的 CPU、北桥、南桥、内存和硬盘的初始化工作，紧接着组建 EFI 驱动执行环境，依次载入 EFI 驱动程序。当 EFI 驱动程序被载入运行后，系统便具有控制所有硬件的能力，这样在 EFI 的操作界面中，程序就可以直接连接上互联网进行相关操作。CSM 是一个兼容性支持模块，它将为不具备 EFI 引导能力的操作系统提供类似于传统 BIOS 的系统服务。GUID 为具备更加灵活的磁盘分区机制的 EFI 磁盘分区标准。

由于 EFI 的存储空间远大于传统 BIOS 存储空间，常以小型磁盘分区的形式存放在硬盘上。EFI 的安装一般采用光驱引导系统，然后对磁盘进行 EFI 化的处理，即划分 EFI 独用的磁盘空间。要使用 EFI 系统只能在支持 EFI 功能的主板和操作系统中进行，目前支持 EFI 功能的操作系统有 Mac OS X、64 位 Windows 7/8 和 Windows Server 2008、Ubuntu、Fedora 等。

UEFI（统一的可扩展固件接口）是以 EFI 为基础发展起来的，但它的所有者已不再属于 Intel，而是一个称作 Unified EFI Form 的国际组织。它得到了包括 Intel、Microsoft、AMI 等几个 PC 大厂的支持。Intel 从 6 系列芯片组后的主板都支持 EFI 技术并得到华硕、微星、技嘉等众多主板厂商的广泛应用。UEFI 无论是界面操作、功能还是安全性，都要远远优于传统的 BIOS，而被人们看好，作为未来 BIOS 的发展方向。

2.4　实训指导

1. 准备工作

组装成功的计算机若干台，其中包括支持 UEFI 主板的计算机。

2. 操作过程

1）BIOS 设置

（1）进入 BIOS 设置程序。计算机接通电源后，进行自检，自检过程中，如果是严重故障则会停止启动。自检完成后，BIOS 按设定顺序寻找设备上的操作系统进行启动，然后将控制权交给操作系统。进入 BIOS 设置程序，只有在系统自检过程中进行，否则不能进入。一般在启动计算机后，屏幕左下角都会出现 Press DEL to enter setup 的提示。Award BIOS 一般按 Del（或 F1）键进入 BIOS 设置程序，而 AMI BIOS 则按 F2 或 Esc 键进入 BIOS 设置程序。若此信息在响应前就消失，则需要按下机箱面板上的 Reset 开关，或是同时按住 Ctrl+Alt+Del 键重新开机进入。

（2）了解 BIOS 设置程序内容。BIOS 程序都为英文界面，进入 BIOS 设置程序后，在 BIOS 程序设置主界面上可用方向键在需要查看或修改的选项间进行移动，选中后按下回车键即可进入该选项的设置界面进行查看和相应设置。Award BIOS 如图 2-2 所示。

图 2-2　Award BIOS 6.0 主界面

尽管不同类型、版本 BIOS 界面和设置项有所不同，且 BIOS 设置程序也在不断更新，但主要内容具有相似性，为了方便读者，下面给出了 BIOS 设置程序界面选项的中英文对照，如表 2-1 所示。

表 2-1   BISO 设置程序界面选项中的英文对照表

英文	中文及说明
Standard CMOS Features	标准 CMOS 设定（包括日期、时间、硬盘软驱类型等）
Advanced BIOS Features	高级 BIOS 设置（包括所有特殊功能的选项设置）
Advanced Chipset Features	高级芯片组设置（与主板芯片特性有关的特性功能）
Integrated Peripherals	外部集成设备调节设置（如串口、并口等）
Power Management Setup	电源管理设置（如电源与节能设置等）
Pnp/PCI Configurations	即插即用与 PCI 设置（包括 ISA、PCI 总线等设备）
PC Health Status	系统硬件监控信息（如 CPU 温度、风扇转速等）
Genie BIOS Setting	频率和电压控制
Load Fail-Safe Defaults	载入 BIOS 默认安全设置
Load Optimized Defaults	载入 BIOS 默认优化设置
Set Supervisor Password	管理员口令设置
Set User Password	普通用户口令设置
Save ＆ Exit Setup	保存退出
Exit Without Saving	不保存退出

（3）设置第一启动设备。进入 BIOS 设置，在高级 BIOS 设置（Advanced BIOS Features）中设置启动顺序，改变引导系统的优先权。找到 First Boot Device、Second Boot Device、Third Boot Device 与 Boot Other Device，如图 2-3 所示。选择某一项后，按 Enter 键，打开一个界面指定启动设备，直至下次更改该项目。具体操作：

①用↑↓箭头键选择 First Boot Device 项；

②按 Enter 键，打开一个界面，用↑↓箭头键选择启动设备（一般是 CD-ROM）；

③按 Esc 键返回，保存并退出。

也可在开机启动过程中使用快捷键指定第一启动设备

※在微机开机启动时，屏幕出现"Press F2 to enter setup, F12 for network Boot, ESC for Boot Menu"提示语时，按 ESC 键弹出引导启动设备选择菜单。如图 2-4 所示。

图 2-3   设定第一启动设备

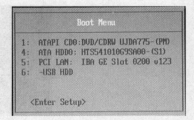

图 2-4   在引导菜单中指定第一启动设备

※利用↑↓箭头键选择启动设备。

※按回车键，或用鼠标点选设备，用指定设备启动系统。

说明：在开机启动过程中使用快捷键指定第一启动设备时，由于不同的主板搭载的 BIOS 类型和版本的不同，可能使启动引导设备选择菜单的快捷键不同，具体什么键由开机屏幕提示语确定。

（4）加载系统默认优化设置。BIOS 默认优化设置是厂商出厂时推荐的优化设置，如果用户对 BIOS 不是很了解，或者设置失败，都可以加载 BIOS 默认优化值，免去手动设置的麻烦，其操作方法如下。

①在主界面中，选择 Load Optimized Defaults。

②按 Enter 键，出现一个提示框，询问是否要载入 BIOS 的默认设置，如图 2-5 所示。

③输入 Y，再按 Enter 键即可。

（5）保存并退出。完成 BIOS 设置后，选择"Save & Exit Setup（保存并退出）"选项或按 F10 键，打开保存并退出菜单，输入 Y 保存退出，如图 2-6 所示。注意设置的参数只有保存后才能起作用。

图 2-5　加载系统默认优化设置

图 2-6　保存 BIOS 设置的参数

（6）清除 BIOS 设置，CMOS 放电。在 BIOS 中，用户可以设置进入 BIOS 密码和进入系统的密码，而如果忘记了进入系统的密码，就无法进入计算机系统了。因为 BIOS 的密码是存储在 CMOS 中的，而 CMOS 必须有电才能保存其中的数据。所以，通过对 CMOS 的放电操作，就可以清除 BIOS 的密码了。具体操作是，打开机箱盖，找到主板上的 CMOS 电池，将其与主板的连接断开（就是取下电池一段时间），此时 CMOS 将因断电而失去内部储存的一切信息（也可在取下电池后，对主板电池的正负极用金属物短接放电，对 CMOS 清零。或找到 CMOS 清零跳线，通常为 3 针，跳线帽默认插入为 1-2 针，将跳线帽拨出插入 2-3 针，完成 CMOS 清零）。再将电池接通，合上机箱开机，由于 CMOS 已是一片空白，它将不再要求输入密码，此时需要进入 BIOS 设置程序，选择主菜单中的 Load BIOS Defaults 或 Load Optimized Defaults 即可，前者以最安全的方式启动计算机，后者能使你的计算机发挥出较高的性能。

2）UEFI BIOS 设置

下面以映泰 Hi-Fi Z87W 主板的 BIOS 设置为例进行 UEFI BIOS 设置。

（1）进入 UEFI　BIOS 设置程序。

计算机接通电源后，按下 F2 功能键，进入 UEFI BIOS 设置程序，选择系统语言为中文，出现中文设置界面。UEFI　BIOS 设置分为"主要"、"高级"、"芯片组"、"启动"、"安全"、"O.N.E"和"保存或退出"7 个项目，用户可用鼠标单击相应按钮进行设置。所有设置界面左部分为当前时间，CPU、内存的速度和电压，CPU 风扇转速和当前温度。中间部分为设置区域。右边部分为使用键盘设置时的功能键说明。如图 2-7 所示。

图 2-7　"主要"设置界面

（2）设置第一启动设备。单击"启动"按钮，进入"启动"设置界面。单击"启动设置优先"下面的"启动选项 #1"按钮，在弹出的列表中选择 CD-ROM，如图 2-8 所示。

图 2-8　"启动"设置界面

（3）保存并退出。单击"保存或退出"按钮，进入"保存或退出"设置界面，如图 2-9 所示。单击"保存更改并重启"按钮，使所有的设置生效。

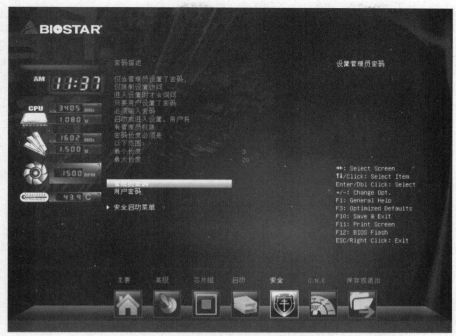

图 2-9 "保存或退出"设置界面

2.5 思考与练习

1. 什么是 BIOS？什么是 CMOS？它们之间有什么区别和联系？
2. 为什么要对 BIOS 进行设置？
3. BIOS 设置错误，不能启动，采用什么措施修复？
4. 怎样更改驱动设备启动计算机的顺序？
5. 进入 UEFI BIOS 设置中，查看可以关闭哪些设备。

项目实训 3　硬盘分区与格式化

3.1　实训目标

1. 理解硬盘分区和格式化的意义;
2. 了解各种分区格式的特点;
3. 掌握硬盘分区和格式化操作技能。

3.2　实训任务

1. 利用分区格式化工具 Diskgenius 完成硬盘分区和格式化操作;
2. 利用 Windows 7 系统安装盘完成硬盘分区和格式化操作。

3.3　相关知识

1. 硬盘分区的作用和方法

硬盘分区格式化是组装计算机后安装操作系统前必须做的工作。一块新硬盘从厂家生产出来，要经过三步操作处理才能够进行读/写操作，它们是：低级格式化、分区、高级格式化。我们在市场买到的硬盘，出厂时已经进行了低级格式化（低级格式化就是将空白的磁盘划分出柱面和磁道，再将磁道划分为若干个扇区，每个扇区又划分出标识部分（ID）、间隔区（GAP）和数据区（DATA）等），我们要做的就是分区和高级格式化。目前计算机硬盘的容量越来越大，为了合理地利用和管理硬盘，一般需要把它分成几个区来使用。分区方案的好坏在一定程度上决定了系统的管理性能以及其浪费程度。而分区格式的选择会关系到系统的性能以及某些安全性。

1）需要对硬盘进行分区的情形

（1）新购的硬盘;

（2）以前的分区不合理，需重新分区;

（3）硬盘的分区信息被破坏（病毒或误操作），需重新分区。

2）硬盘分区格式化方法

（1）使用分区工具软件——Diskgenius 对硬盘进行分区和格式化操作。

（2）使用 Windows 7 系统安装盘对硬盘进行分区和格式化操作。

2. 常见分区概念

（1）主分区。主分区就是包含有操作系统启动文件的分区，它用来存放操作系统的引导记录（在该主分区的第一扇区）和操作系统文件。

一块硬盘可以有 1～4 个分区记录，因此，主分区最多可能有 4 个。而如果需要一个扩展分区，那么主分区最多只能有 3 个。一个硬盘最少需要建立一个主分区，并激活为活动分区，才能从硬盘启动计算机，否则就算安装了操作系统，也无法从硬盘启动计算机。当然，如果硬盘不作为引导启动操作系统用，那么不建立主分区也是可以的，主分区可以直接作为驱动器使用。

（2）扩展分区。主分区外的分区即为扩展分区，因为它不是一个驱动器，不能直接使用，创建扩展分区后，必须再将其划分为若干个逻辑分区（也称逻辑驱动器，即平常所说的 D 盘、E 盘等）才能使用。主分区和扩展分区的信息被保存在硬盘的 MBR（Master Boot Record）硬盘主引导记录中，它由引导程序、硬盘分区信息、硬盘有效标志组成，保存在硬盘 0 柱面 0 磁头 1 扇区内，而逻辑驱动器的信息则保存在扩展分区的分区引导记录中，也就是说无论硬盘有多少个逻辑驱动器，其主引导记录中只包含主分区和扩展分区的信息。主分区一般用于安装操作系统，扩展分区一般用来存放数据和应用程序。

总结起来，划分分区的情况共 6 种，如图 3-1 所示。

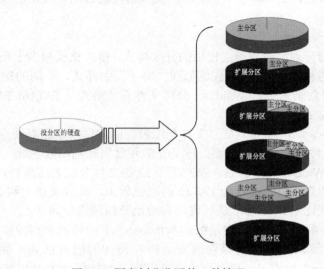

图 3-1　硬盘划分分区的 6 种情况

在 6 种分区中，最常用的是第 2 种划分法。一般要在同一硬盘上安装文件系统不兼容的两个操作系统，就需要在一个硬盘上建立两个主分区，以实现操作系统的选择引导。

（3）活动分区和隐藏分区。当一个硬盘划分了两个或两个以上主分区时，必须激活一个主分区才能引导启动安装的操作系统。每次只能激活一个主分区，被激活的主分区称为活动分区。被设置为隐藏的分区称为隐藏分区，有的软件将没有被激活的主分区自动设置为隐藏分区。隐藏分区在操作系统中是看不到的，只有在分区软件（或一些特殊软件）中可以看到。

（4）逻辑驱动器。逻辑驱动器也就是在操作系统中所看到的 D 盘、E 盘、F 盘等，是在扩展分区中划分的。一块硬盘上可以建立 24 个驱动器盘符（从英文 C～Z 顺序命名，A 和 B 则为软驱的盘符）。

3．分区操作的顺序

在分区时，既可以对新购硬盘进行分区，也可以对旧硬盘（已经分过区了的）进行分区，但对于旧硬盘需要先删除分区，释放出可用于分区的空间，然后再建立分区。虽然不同的分区软件操作有所不同，但其分区顺序都是类似的。分区操作顺序为：

①建立主分区；

②建立扩展分区；

③将扩展分区划分为逻辑驱动器；

④激活主分区；

⑤格式化每一个驱动器。

删除分区操作顺序为：

①删除逻辑驱动器；

②删除扩展分区；

③删除主分区。

说明：上面的划分和删除顺序是针对常用分区软件来说的，在使用某些分区程序时，可能不需要创建扩展分区，在创建逻辑驱动器时，扩展分区自动建立了。在删除分区时也不需要删除扩展分区，或可以首先删除主分区。所以具体情况要视用户使用的软件来定，不能完全照搬上述步骤。

4. 常用分区文件系统

在格式化硬盘分区时，需要指定使用的分区格式。格式化就相当于在白纸上打上方格（相当于作文稿纸上的方格），而分区格式就如同"格子"的样式，不同的操作系统打"格子"的方式是不一样的，目前最常见的 Windows 分区文件系统格式是 FAT16、FAT32 和 NTFS，Linux 分区文件系统格式是 ext2、ext3。

FAT（File Allocation Table）是"文件分配表"的意思，即指对硬盘分区的管理。FAT16 分区格式为 16 位文件分配表磁盘管理，FAT16 的硬盘实际利用效率低，且单个分区的最大容量只能为 2GB，从 Windows 98 开始，FAT32 即 32 位文件分配表磁盘管理分区格式开始流行，随着大容量硬盘的出现，FAT32 作为 FAT16 的增强版本，可以支持大到 2TB（2048GB）的分区，FAT32 使用的簇比 FAT16 小，从而可以有效地节约硬盘空间。

NTFS 意即新技术文件系统，它是微软 Windows NT 内核的系列操作系统支持的，一个特别为网络和磁盘配额、文件加密等管理安全特性设计的磁盘格式。随着以 NT 为内核的 Windows XP/Windows 7 的普及，很多用户开始用到了 NTFS。NTFS 以簇为单位来存储数据文件，但 NTFS 中簇的大小并不依赖于磁盘或分区的大小。簇尺寸的缩小不但避免了磁盘空间的浪费，还减少了产生磁盘碎片的可能性。NTFS 支持文件加密管理功能，可为用户提供更高的安全保证。目前 Windows NT、Windows 2000、Windows XP、Windows 7 和 Windows 8 系统都支持识别 NTFS 格式，而 Windows 9x、Windows Me 以及 DOS 等操作系统不支持识别 NTFS 格式的驱动器。

Linux 是一个开放的操作系统，最初使用 ext2 格式，后来使用 ext3 格式，它同时支持访问非常多的分区格式，包括 UNIX 使用的 XFS 格式，也包括 FAT32 和 NTFS 格式。

5. 分区方案制定

在进行硬盘分区前，先设定一个分区方案，这样可以使每个分区"物尽其用"，同时又能保持硬盘的最佳性能。如今，在装机时，硬盘基本上都配置在 500GB 或以上，如果将这样的硬盘只分一个驱动器，肯定是浪费，或在一定程度上影响硬盘的性能。不同的用户有不同的实际需要，分区方案也各有不同。要想合理地分配硬盘空间，需要从以下几个方面来考虑：

一方面按即将安装的操作系统的类型及数目来分区；

二方面按照各分区数据类型的分类进行存放；

三方面为了便于维护和整理而划分。

下面以家用型 500GB 的硬盘为例，提供硬盘分区方案，仅供参考。其分区方案和划分的理由是家用型计算机主要用来办公、娱乐、游戏，操作系统装 Windows 7/Windows 8 和 Linux。因为 Windows 7/Windows 8 稳定性强，可用于办公、学习、娱乐和普通上网。Linux 逐渐广泛使用，主要用于学习了解。

C 盘（主分区，活动）建议分区的大小是 40GB，NTFS 格式。C 盘主要安装的是 Windows 7/Windows 8 和装机必备应用程序。考虑到当计算机进行操作的时候，系统需要把计算机软硬件系统安装信息和临时文件暂时存放在 C 盘进行处理，所以 C 盘一定要保持一定的空闲空间，同时也可以避免开机初始化和磁盘整理的时间过长。

D 盘（主分区，隐藏）建议分区的大小是 20GB，ext3 格式，用来安装 Linux。

E 盘（扩展分区，逻辑驱动器）建议分区的大小是 100GB，NTFS 格式。主要用来安装比较大的应用软件（如 Photoshop、Office 2010）、常用工具等，同时建议在这个分区建立目录集中管理。

F 盘（扩展分区，逻辑驱动器）建议分区的大小是 250GB，NTFS 格式。主要用来安装游戏和存放视频、音频文件等。如果需要的话，可以再对游戏的类型进行划分。而多媒体文件如 MP3、VCD 上的.dat 文件，容量较大，需要连续的大块空间，而且这些文件一般不需要编辑处理，只是用专用的软件回放欣赏，所以一般不需要频繁对这些分区进行碎片整理。

G 盘（扩展分区，逻辑驱动器）建议分区的大小是 50GB，NTFS 格式。主要用于学习。

H 盘（扩展分区，逻辑驱动器）建议分区的大小是 50GB，NTFS 格式。主要是用来做文件备份（如 Windows 的注册表备份、Ghost 备份），存放计算机各硬件（如显卡、声卡、Modem、打印机等）的驱动程序，以及各类软件的安装程序。这个分区也不需要经常进行碎片整理，只要在放置完数据后整理一次就够了。

当然，你也可以把数据更细地分类、分区存放，比如 Ghost 的备份和 Windows 的安装程序可以分开放，音乐 MP3 和 VCD 的.dat 文件也可分区存放。总之，每个操作系统原则上应该独占一个 5GB～15GB 的分区，里面除了操作系统和办公软件外，不要放其他重要文档和邮件等，以方便系统还原维护。而分区的个数一般不要超过 10 个，否则容易造成管理上的混乱。

6. 硬盘的高级格式化

高级格式化（High Level Format）又称逻辑格式化，就是在硬盘上设置目录区、文件分配表区等，记录系统规定的信息和格式。在磁盘上存放数据时，系统将首先读取这些规定的信息来进行校对，然后才将用户的数据存放到指定的地方。

高级格式化是对逻辑盘（硬盘分区）进行操作，操作中会删除被格式化的磁盘上面所有数据，它不会对硬盘造成物理伤害。

7. GPT

GPT 为全局唯一标识符分区表（GUID Partition Table），一种不同于 MBR 的分区标准。使用 GUID 分区表的磁盘称为 GPT 磁盘。GPT 源自 Intel Itanium 计算机中的可扩展固件接口（EFI）使用的磁盘分区架构。其特点是：它支持在每个磁盘上创建 128 个分区，支持高达 18EB（1EB=1024PB=1024×1024TB，即 1048576TB）的卷大小，突破了 MBR 分区标准下的只支持 2TB 以下的硬盘和最多 4 个分区的约束。GPT 分区表自带备份即具有主磁盘分区表和备份磁盘分区表，支持唯一的磁盘和分区 ID。目前 64 位 Windows XP 及以上版和 Windows Sever 2003 以上版都支持 GPT 分区表。人们预计随着几个 TB 的硬盘出现，EFI BIOS 的普及，GUID 分区方案将成为硬盘分区的主流。

3.4　实训指导

1．准备工作

（1）硬件准备。进行了 BIOS 设置操作的计算机若干台。

（2）软件准备。Diskgenius 4.2（DOS 版）、Windows 7 操作系统安装盘。

2．操作过程

1）使用 Diskgenius 分区和格式化硬盘

Diskgenius 是一款具有分区管理与数据恢复功能的工具软件。常用功能有分区格式化硬盘、数据恢复以及分区备份与还原功能，版本主要有两种，一种是需要在 DOS 下运行的程序，另一种是在 Windows 下使用的程序。这里以 Diskgenius 4.2（DOS 版）为例，介绍对 40GB 硬盘进行分区的具体操作。

（1）对新硬盘进行分区格式化。下面以把 40GB 的硬盘分为 3 个盘符为例介绍新硬盘分区操作。按顺序是先建立主分区即 C 分区，然后建扩展分区，在扩展分区中建 D 和 E 两个逻辑驱动器。

用系统维护 U 盘（项目 10 介绍该 U 盘制作）启动 DOS 操作系统，选择 Diskgenius 菜单启动 Diskgenius 4.2 程序，如图 3-2 所示。

图 3-2　Diskgenius 4.2 程序界面

①创建主分区。

单击菜单"分区"→"建立新分区"命令，如图 3-3 所示，或单击工具栏中的"新建分区"按钮，打开"建立新分区"对话框。

在"建立新分区"对话框中的"请选择分区类型"中选择"主磁盘分区"，在"请选择文件系统类型"中选择 NTFS，在"新分区大小"中输入 20，如图 3-4 所示。

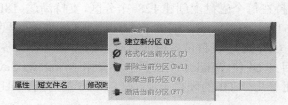

图 3-3　"建立新分区"菜单命令

图 3-4　"建立新分区"对话框

单击"确定"按钮，完成创建 20GB 的主分区，并自动将该分区设置为"活动分区"，如图 3-5 所示。

图 3-5　已建立 20GB 的主分区

②创建扩展分区和逻辑驱动器。

鼠标指向未分配空间，右击，在弹出的快捷菜单中单击"建立新分区"命令（或单击菜单"分区"→"建立新分区"命令，或单击工具栏中的"新建分区"按钮），如图 3-6 所示。

图 3-6　快捷菜单中"建立新分区"命令

在弹出的"建立新分区"对话框中，选择"扩展磁盘分区"，在"新分区大小"中输入剩余的未分配空间容量 20，单击"确定"按钮，完成扩展分区的建立，如图 3-7 所示。

图 3-7　新建的 20GB 的扩展分区

按照前面新建分区的方法，在"请选择文件系统类型"中选择"逻辑驱动器"，在"请选择文件系统类型"中选择 NTFS，在"新分区大小"中输入 10，单击"确定"按钮，重复操作直到建立 2 个"逻辑驱动器"，如图 3-8 所示。

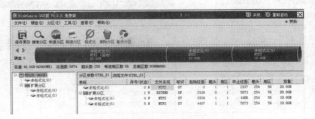

图 3-8　建立的 2 个逻辑驱动器

单击"分区"→"保存分区"命令或单击工具面板"保存更改"命令按钮,弹出"确定要保存对分区表的所有更改吗?所做更改将立即生效。"对话框,如图3-9所示。单击"是"按钮,保存分区表。

图3-9　确定是否保存更改对话框

③格式化新建的磁盘分区。

选择要格式化的分区,单击菜单"分区"→"格式化当前分区"命令,如图3-10所示;或单击"格式化"工具按钮。

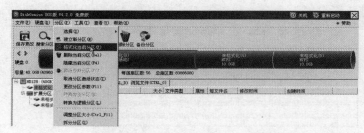

图3-10　"格式化当前分区"命令

在弹出的"格式化分区"对话框中选择"文件系统"为 NTFS,"簇大小"选择"默认值(4096)",单击"格式化"按钮,如图3-11所示。

在弹出的"确定格式化分区"对话框中单击"是"按钮,如图3-12所示。此时在"格式化分区"对话框中可见格式化进程标示,如图3-13所示。完成主分区格式化后出现"主分区已格式化"界面,如图3-14所示。

图3-11　"格式化分区"对话框

图3-12　"确定格式化分区"对话框

图3-13　格式化进程标示

图3-14　分区格式化操作完成后的界面

用同样方法对扩展分区中两个逻辑驱动器进行格式化。分区格式化操作完成后的界面如图 3-14 所示。

（2）对旧硬盘进行分区格式化。如果要对一个已经使用过的硬盘进行重新分区，必须首先删除硬盘上原有分区，让出磁盘空间，然后再创建新的分区。其操作方法如下：

①删除硬盘上原有分区。

选择要删除的分区，单击菜单"分区"→"删除当前分区"命令或在工具栏单击"删除分区"按钮，如图 3-15 所示。

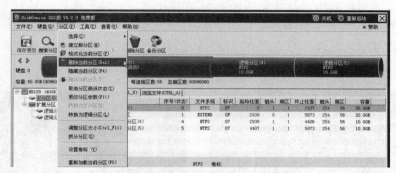

图 3-15　选择"删除当前分区"命令

在弹出的"确定要删除分区"对话框中单击"是"按钮，如图 3-16 所示。完成删除分区后的界面如图 3-17 所示。

图 3-16　"确定要删除分区"对话框

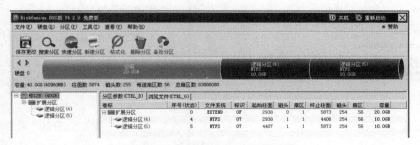

图 3-17　完成删除分区后的界面

按照上述操作删除硬盘中余下的两个逻辑驱动器，再删除扩展分区，直到完成硬盘上原有分区的删除操作。

②重新创建分区和格式化。

按照对新硬盘进行创建分区和格式化操作步骤，完成硬盘的分区创建和格式化。

2）使用 Windows 7 系统安装向导分区和格式化硬盘

Windows 7 操作系统安装盘提供了对硬盘分区格式功能，在安装系统过程中可以非常方便地完成硬盘分区格式化操作。

（1）对新硬盘进行分区格式化。

①在 BIOS 中设置光盘为第一启动设备，把 Windows 7 的安装光盘放进光驱内，启动计算机进入如图 3-18 所示"输入语言和其他首选项"界面。

②按图 3-18 所示，选择"语言"、"时间格式" 和"键盘"，单击"下一步"按钮，打开"现在安装"界面，如图 3-19 所示。

③单击"现在安装"按钮或旁边的箭头，进入 Windows 7 许可协议界面，如图 3-20 所示。阅读了许可协议之后，选中"我接受许可条款"，单击"下一步"按钮，打开"你想进行何种类型的安装"界面，如图 3-21 所示。

④因是首次安装，选择"自定义（高级）"，打开"你想将 Windows 安装在何处"界面，如图 3-22 所示。

图 3-18 "输入语言和其他选项"界面

图 3-19 Windows 7 "现在安装"界面

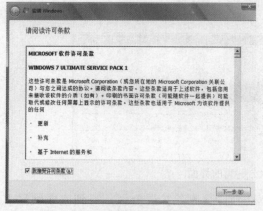

图 3-20 Windows 7 许可协议界面

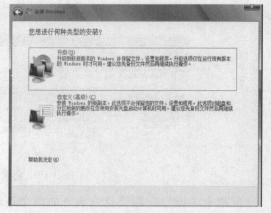

图 3-21 "你想进行何种类型的安装"界面

⑤单击"驱动器选项（高级）"，打开对磁盘进行分区格式化界面，如图 3-23 所示。

⑥选择未分配的磁盘，单击"新建"，打开新建磁盘分区大小输入界面，如图 3-24 所示。根据需要输入新建磁盘分区大小后，单击"应用"按钮，出现显示新建磁盘分区界面，如图 3-25 所示。

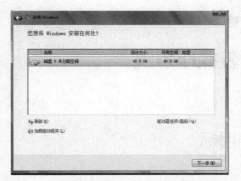

图 3-22　"你想将 Windows 安装在何处"界面

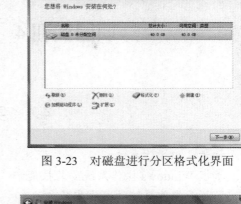

图 3-23　对磁盘进行分区格式化界面

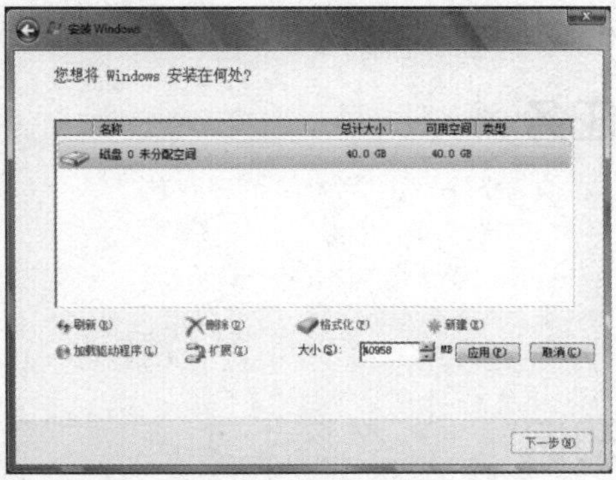

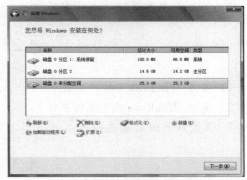

图 3-24　新建磁盘分区大小输入界面

图 3-25　显示新建磁盘分区界面

⑦选择新建的磁盘分区，单击"格式化"选项，对所选磁盘分区进行格式化操作，Windows 7 默认文件系统格式为 NTFS。

⑧按上述操作对剩下的磁盘空间按规划进行分区格式化操作，直到所有磁盘空间分配完毕。

（2）对使用过的硬盘进行分区格式化。

①在 BIOS 中设置光盘为第一启动设备，把 Windows 7 的安装光盘放进光驱内，启动计算机，按安装向导提示，逐步进行安装操作。

②在出现如图 3-25 所示安装界面时，选中待删除的分区，单击删除选项，反复操作直到磁盘所有分区全部删除，出现图 3-22 的界面。

③按新硬盘方法完成磁盘的分区格式化操作。

3.5　思考与练习

1．硬盘为什么要进行分区格式化？划分多个主分区有什么作用？

2．常见的分区格式有哪几种？它们各有什么优缺点？

3．MBR 是什么？它由哪些构成？

4．什么是硬盘的高级格式化？

5．为什么人们预计 GPT 将成为未来磁盘分区的主流？

项目实训 4　安装操作系统

4.1　实训目标

1. 初步认识操作系统;
2. 掌握 Windows 操作系统安装技能;
3. 了解多操作系统的共存安装方法。

4.2　实训任务

1. 安装 Windows 7 操作系统;
2. 安装 Windows 8 双操作系统。
3. 设置双系统启动选项。

4.3　相关知识

1. 操作系统的基本功能

操作系统是计算机的核心管理软件,是连接硬件和应用软件(用户)的接口和桥梁。它通过对计算机系统的硬件资源包括 CPU、内存储器和外部设备等,软件资源包括各种系统程序、应用程序和数据文件的合理管理,使其充分地发挥作用,从而提高整个系统的使用效率。操作系统为用户提供一个方便、有效、安全、可靠的计算机应用环境,从而使计算机成为功能更强、服务质量更高、使用更加灵活方便的设备。

操作系统具有以下 5 种功能。

(1)中央处理器 CPU 的管理功能。CPU 是计算机系统中最宝贵的硬件资源,为了提高 CPU 的利用率,操作系统采用了多道程序技术。当一个程序因等待某一条件而不能运行下去时,就把处理器占用权转交给另一个可运行程序。或者,当出现了一个比当前运行的程序更重要的可运行的程序时,后者应能抢占 CPU。为了描述多道程序的并发执行,管理协调多道程序之间的关系,解决对处理器实施分配调度策略、进行分配和回收等问题,以使 CPU 资源得到最充分的利用。

(2)存储器管理功能。在计算机系统中,内存储器是一个十分关键的资源,在操作系统中,由存储管理程序对内存进行分配和管理。其主要功能就是合理地分配多个作业共占内存,使它们在自己所属的存储区域内互不干扰地进行工作。此外,还可以采用扩充内存管理、自动覆盖和虚拟存储等技术,为用户提供比实际内存大得多的存储空间,并进行信息保护,保证各个作业互不干扰,信息不会遭到破坏。

(3)文件系统(信息)管理功能。文件是具有名称的一组信息,信息主要包括各类系统程序、标准子程序、应用程序和各种类型的数据等，它们以文件的形式保存在磁盘、光盘等存储介质上供用户使用。在操作系统中，实现对文件的存取和管理的程序称为文件管理系统，它为用户提供了统一存取和管理信息的方法。这种方法操作简单、方便，用户不必记住文件存放的物理位置和输入/输出命令的细节便能按名称存取文件，而且还可以为用户提交给系统的文件提供各种保护措施，以防止文件被破坏或被非法使用，提高文件的安全性和保密性，实现文件的共享，以便协助用户有效地使用和可靠地管理各自的信息。

（4）外设管理功能。在计算机系统中，外部设备的种类很多，由于外部设备与 CPU 速度上的不匹配，使得这些设备的效率得不到充分发挥。因此，计算机系统在硬件上采用了通道、缓冲和中断技术，由于通道可以独立于 CPU 而运行，并能控制一台或多台外部设备借助于缓冲区进行输入和输出，从而可以大大节省了 CPU 的等待时间，以便能够充分而有效地使用这些设备。

（5）作业的管理功能。为方便多用户使用计算机，现代计算机系统可以给 CPU 连接多个终端，多用户可以在各自的终端上独立地使用同一台计算机。所谓终端是一个具有显示装置和键盘的控制台，它既是输入设备又是输出设备。为使每个终端提交给计算机系统的作业能及时处理，操作系统应该具有处理多个作业的功能。

2. 微型计算机的各种操作系统

常见的微型计算机的操作系统有数十种，仅 PC 系列的操作系统就有以下 3 种：

（1）磁盘操作系统，常见的有 MS-DOS、DR-DOS、X-DOS、CP/M-86 等。

（2）网络操作系统，有 UNIX、XENIX、VINES、3COM、Windows NT、Linux、OS/2 等。

（3）多任务图形窗口操作系统，有 OS/2、Linux、Windows 9x、Windows 2000/XP、Windows 7、Windows 8 和 Macintosh 等。

在这些操作系统中，一般 PC 最常用的就是 Windows 系列操作系统，它是由微软公司开发的，采用图形操作界面。Windows 系列发展非常迅速，版本不断更新，主要经历了 Windows 3.x、Windows 95、Windows 95 OSR2（又称 Windows 97）、Windows NT、Windows 98、Windows Me、Windows 2000、Windows XP、Windows 7 和 Windows 8 等。其中，Windows XP 及之前的版本微软公司都不再提供售后服务。

① Windows 7。微软于 2009 年 10 月正式发布 Windows 7 操作系统。Windows 7 大幅缩减了 Windows 的启动时间，做了许多方便用户的设计，且简单易用。在 Windows 7 中利用本地网络和互联网搜索、使用信息更加简单、直观，用户的体验更加高级。Windows 7 增强了数据的安全性并把数据保护和管理扩展到外围设备。Windows 7 的 Aero 效果华丽，动感十足，伴有丰富的桌面小工具。Windows 7 的执行效率高，资源消耗却是较低的。安装 Windows 7 只能在 NTFS 磁盘文件系统格式上进行。Windows 7 的版本有：Windows 7 家庭普通版、Windows 7 家庭高级版、Windows 7 专业版、Windows 7 企业版、Windows 7 旗舰版 。

②Windows 8。Windows 8 是继 Windows 7 之后的新一代操作系统，是由 Microsoft 公司开发的、具有革命性变化的操作系统。它支持来自 Intel、AMD 和 ARM 的芯片架构，该系统画面与操作采用全新的 Modern UI 风格用户界面，各种应用程序、快捷方式等以动态方块的样式呈现在屏幕上，用户可自行将常用的浏览器、社交网络、游戏操作界面融入。系统具有更好的续航能力，启动速度更快，占用内存更少，并兼容 Windows 7 所支持的软件和硬件。

3. 多操作系统共存的意义

在一台计算机上安装多个操作系统，使多操作系统共存，其意义为：

（1）使用不同版本的应用软件。一般软件在生命周期中都存在升级，一个应用软件具有多个版本，可能分别运行在不同的操作系统环境下，多操作系统共存就会满足不同版本的应用软件使用需要。

（2）学习了解非主流或最新操作系统。除了常见主流操作系统外，还存在相当多的非主流操作系统，特别是技术发展很快，使用范围不断扩大的操作系统。在不影响工作，同时兼顾学习了解非主流或最新操作系统，在一台计算机上安装多个操作系统成了非常实际的选择。

（3）保护系统的数据安全。单机安装多个操作系统后，用户可随意选择在某一系统环境下试用各种版本的应用软件或进行软件相关测试，一般情况下不影响到另一操作系统的安全，这对初学者非常有利。

4. 安装多操作系统注意事项

（1）一般情形下每个操作系统应安装在不同的主分区。

（2）安装过程中，应按照先低版本后高版本的顺序进行（一般最新版本为高版本）。

（3）若多操作系统之间关系是独立且并列，在安装高版本操作系统时不要采用升级安装，否则安装完成后，高版本覆盖低版本，系统只有高版本的操作系统。

5. 安装 Windows 7、Windows 8 所需硬件环境

Windows 7 所需硬件环境：CPU 1GHz、内存 512MB、硬盘 10GB。

Windows 8 所需硬件环境：CPU 1GHz、内存 1GB、硬盘 15GB。

6. 安装前的准备工作

（1）对新组装的微机，确认已完成组装及 BIOS 设置、分区、格式化等工作。

（2）对正在使用的微机，确认对原系统中有用数据进行了备份。

（3）明确将安装的操作系统类型和版本，获取将安装的操作系统的安装程序及安装密钥激活码。

4.4   实训指导

1. 准备工作

（1）硬件准备。进行了硬盘分区格式化操作的计算机若干台，安装 Windows 7、Windows 8 操作系统分区格式为 NTFS。

（2）软件准备。Windows 7 操作系统安装光盘、Windows 8 操作系统安装光盘。

2. 操作过程

1）安装 Windows 7 操作系统

用 Windows 7 中文旗舰版安装光盘启动安装 Windows 7 系统

①参照项目实训 3 中使用 Windows 7 系统安装向导分区和格式化硬盘方法操作，出现"你想将 Windows 安装在何处"界面，如图 4-1 所示。

说明：如果删除原分区，在未分配空间中创建新分区，Windows 7 将会自动保留一个 100MB 的分区。

②选择磁盘 0 分区 2 安装 Windows 7，单击"下一步"按钮。进入正在安装 Windows 7 界

面，如图 4-2 所示。

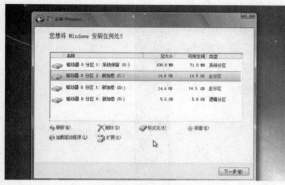
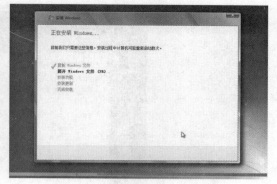

图 4-1　"你想将 Windows 安装在何处"　　　　　图 4-2　Windows 7 安装界面

③经过多次重启后，单击"下一步"，进入设置用户名、账号、密码及密钥界面，如图 4-3、4-4、4-5 所示。

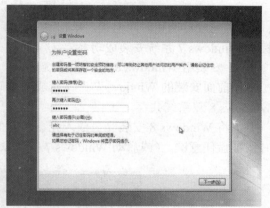
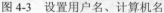

图 4-3　设置用户名、计算机名　　　　　　　图 4-4　设置密码及提示信息

④ 单击"下一步"，进入 Windows 7 的更新配置界面，如图 4-6 所示。

图 4-5　输入 Windows 7 的 25 位产品密钥　　　　图 4-6　Windows 7 的更新配置

⑤ 选择 "以后再问我"选项，单击"下一步"进入配置日期和时间界面，如图 4-7 所示。

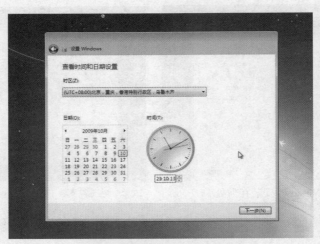

图 4-7　配置日期和时间界面

⑥ 完成日期和时间配置，单击"下一步"按钮，进入 Windows 7 系统，如图 4-8 所示，标志 Windows 7 系统安装成功。

2）安装用 Windows 8 双操作系统

在前面安装的 Windows 7 中文旗舰版基础上，安装 Windows 8 专业版，形成 Windows 7、Windows 8 双系统共存。

①将 Windows 8 安装光盘放入光盘驱动器，从光盘启动计算机。出现如图 4-9 所示的界面时按键盘任意键。（或启动 Windows 7 操作系统，在光盘根目录运行 Setup.exe 文件。）

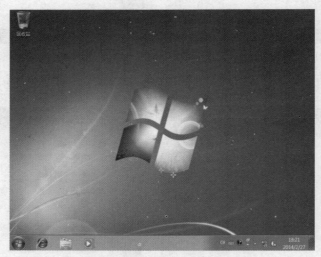

图 4-8　启动进入 Windows 7

Press any key to boot from CD or DVD..

图 4-9　提示按任意键从光盘启动

②系统开始加载安装文件，启动安装程序，当出现如图 4-10 所示的界面时，按图示选择语言、时间格式和键盘，然后单击"下一步"按钮。

③单击"现在安装"按钮，如图 4-11 所示。

图 4-10   选择语言、时间格式和键盘   图 4-11   "现在安装"按钮

④输入购买产品给出的或微软官方认可的安装密钥，单击"下一步"按钮，如图 4-12 所示。

⑤阅读软件许可条款，勾选"我接受许可条款"，单击"下一步"按钮，如图 4-13 所示。

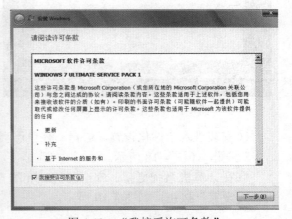

图 4-12   输入安装密钥   图 4-13   "我接受许可条款"

⑥选择安装类型，当前安装双系统，选择"自定义"安装，如图 4-14 所示。

⑦在"你想将 Windows 安装在哪里"中选择将安装的 Windows 8 的磁盘分区。因驱动器 0 分区 2 为安装的 Windows 7 系统，选择驱动器 0 分区 3 安装 Windows 8 系统，单击"下一步"按钮，如图 4-15 所示。

⑧系统运行安装程序，此过程中计算机将多次重启，不同的计算机设备配置不同，所需的时间也不同，如图 4-16 所示。

⑨多次重新启动时的双系统界面，如图 4-17 所示。

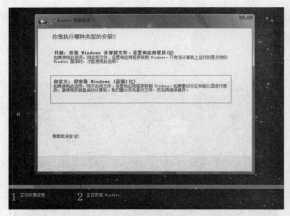

图 4-14　选择"自定义"安装

图 4-15　选择驱动器 0 分区 3 安装 Windows 8

图 4-16　正在安装 Windows

图 4-17　重新启动时的双系统界面

⑩安装进入个性化设置。选择一种自己喜欢的颜色进行背景色配置，输入主机名，单击"下一步"按钮，如图 4-18 所示。

⑪在计算机系统更新、安全防护、在线查询和网络共享设置中使用快速设置，单击"使用快速设置"按钮，如图 4-19 所示。

图 4-18　输入电脑名称

图 4-19　"使用快速设置"

⑫在后出现的网络共享、在线查询、保护和更新及保护隐私界面中单击"下一步"按钮，如图 4-20 所示。

图 4-20　安装中的各种设置

⑬ 在"登陆到电脑"界面中输入用户名、密码等信息，单击"完成"按钮，如图 4-21 所示。

⑭ 此时出现如图 4-22 所示的演示界面，可以按照画面提示，学习 Windows 8 使用方法。

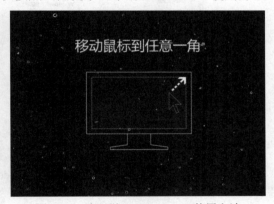

图 4-21　输入用户名、密码　　　　　　　图 4-22　演示学习 Windows 8 使用方法

⑮ 当出现如图 4-23 所示 Windows 8 桌面时，标志 Windows 8 安装成功。

图 4-23　Windows 8 桌面

3）设置双系统启动选项

启动双系统时，通过选择启动菜单进入相应的操作系统。通过双系统启动选项可以设置启动时默认的操作系统和设置启动菜单列表停留的时间。

Windows 7 和 Windows 8 设置双系统启动选项基本相同，现以 Windows 7 为例进行设置。

① 启动 Windows 7，打开"系统"窗口，如图 4-24 所示。

② 单击"控制面板主页"下的"高级系统设置"链接，打开"系统属性"对话框，选择"高级"选项卡，如图 4-25 所示。

③ 单击"启动和故障恢复"下的"设置"按钮，打开"启动和故障恢复"对话框，如图 4-26 所示。

④ 打开"默认操作系统"选项，选择自己常用的操作系统为默认系统，调整"显示操作系统列表的时间"为自己需要值。单击"确定"按钮，完成设置。

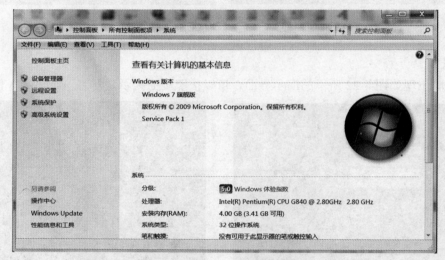

图 4-24　Windows 7 "系统"窗口

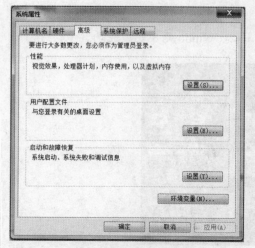

图 4-25　"系统属性"中的"高级"选项卡

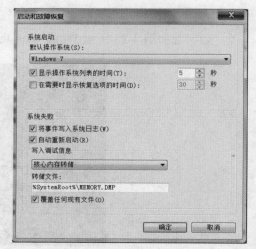

图 4-26　"启动和故障恢复"对话框

4.5　思考与练习

1. 为什么要在计算机上安装操作系统？
2. 操作系统的功能是什么？
3. 什么是 Windows 系统的升级安装？什么是全新安装？
4. 怎样利用 Windows 8 安装程序分区格式化硬盘？
5. 说说你知道的多任务操作系统有哪些。

项目实训 5　驱动程序的安装与管理

5.1　实训目标

1. 熟悉驱动程序的基本知识；
2. 了解驱动程序的获取途径；
3. 明确驱动程序的安装顺序；
4. 学会驱动程序的安装方法；
5. 掌握驱动程序的管理技术。

5.2　实训任务

1. 安装控制芯片组驱动程序；
2. 安装显示卡驱动程序；
3. 安装声卡驱动程序；
4. 安装网卡驱动程序；
5. 驱动程序的更新和备份。

5.3　相关知识

1. 驱动程序概述

1）驱动程序的概念

驱动程序（Device Driver）全称为"设备驱动程序"，是一种可以使计算机系统和设备之间进行通信的特殊程序，相当于硬件的接口，操作系统只能通过这个接口，才能控制硬件设备的工作。如果设备的驱动程序未能正确安装，就不能发挥其应有的作用。因此，驱动程序在系统中具有非常重要的地位，一般在操作系统安装完毕之后，首要的任务便是安装硬件设备的驱动程序。

驱动程序是硬件厂商按照操作系统的要求编写的配置文件，是添加到操作系统中的一小块代码，其中包含有关硬件设备的信息。有了此信息，计算机就可以与设备进行通信。由于各种操作系统对驱动程序的要求不同，因此同一种硬件设备对应于不同操作系统的驱动程序也有差异。为了保证硬件的兼容性，不断挖掘其潜力以提升性能，厂商会在一定时限内多次对驱动程序升级。

2）驱动程序的作用

随着电子技术的飞速发展，计算机硬件的功能越来越强大。但是，各种硬件设备必须通过驱动程序才能正常工作，进而发挥预期的效能。

设备驱动程序是直接工作在各种硬件设备上的软件，用于将硬件本身的功能告诉操作系统，完成硬件设备电子信号与操作系统及软件的高级编程语言之间的互相翻译。当操作系统需要使用某个硬件时，它会先发送指令到驱动程序，驱动程序将其翻译成电子信号命令，才能使该硬件发生相应的动作。因此，可以形象地将驱动程序比作"硬件和系统之间的桥梁"。

每当向计算机中安装一个新的硬件设备时，操作系统就会要求安装驱动程序，将新的硬件与系统连接起来。驱动程序扮演着沟通的角色，把硬件的功能告诉计算机系统，也将系统的指令传达给硬件，让它开始工作。如果缺少了驱动程序的"驱动"，则无论硬件的性能多么强大，也会由于无法理解软件发出的指令而无从发挥。

3）需要安装驱动程序的设备

从理论上讲，所有硬件设备都需要安装相应的驱动程序才能发挥作用。然而实际上，CPU、内存、主板、键盘、显示器等部件却无需安装驱动程序就可以运行或使用，但显示卡、声卡、网卡、摄像头等设备却往往必须安装驱动程序，否则便无法正常工作。这是为什么呢？

这在于 CPU、内存等硬件对于任何计算机都是必需的，所以早期的设计人员将它们列为 BIOS 能直接支持的硬件。换言之，这些硬件安装后就可以被 BIOS 和操作系统直接支持，不再需要安装驱动程序（从这个角度来说，BIOS 也是一种驱动程序）。但是对于其他硬件，却必须要安装驱动程序，否则它们就无法正常工作。

需要说明的是，由于 Windows 操作系统内置了一些常用硬件的驱动程序（称之为标准驱动程序），而且其版本越高所支持的硬件设备越丰富，因此不少硬件设备不用安装驱动程序也能正常工作，只是 Windows 内置的标准驱动程序不能使这些设备发挥最佳性能。例如，光驱、鼠标等设备在 DOS 系统中必须安装驱动程序，在 Windows 环境中则无需如此，甚至有些型号的显示卡、网卡等设备也能在较高版本的 Windows 系统中无驱而用。

就目前情况而言，如果在近几年购买的较新配置的计算机使用 Windows XP/Windows 2003 及其以下版本的操作系统，则通常台式机必须安装主板控制芯片组、显示卡、声卡、网卡和摄像头等设备的驱动程序，笔记本电脑还需另外安装无线网卡、触控板等更多设备的驱动程序，而其他设备则能自动匹配 Windows 系统内置的通用驱动程序；若是在主流配置的计算机上安装 Windows 7/Windows 8/Windows 8.1 等较高版本的操作系统，则大多数甚至全部硬件设备都能被系统自动"驱动"。

提示：在一般情况下，即使不安装主板控制芯片组的驱动程序，计算机也能正常工作，但由于控制芯片组新技术与其他核心硬件的更新速度很快，使得 Windows 系统无法识别新型号的控制芯片组，导致主板的一些新技术不能使用。因此，安装控制芯片组驱动程序是很有必要的，这样不但可以解决一些硬件与软件的兼容性问题，同时可以在一定程度上提升系统性能。目前控制芯片组的型号虽然不少，但几乎都是由 Intel 和 AMD 两家公司研制的，主板厂商为用户提供的驱动程序一般就是 Intel 和 AMD 发布的公版驱动程序。

4）驱动程序的分类

为了适应计算机中复杂多样的硬件设备和类型、版本各异的操作系统，芯片厂商、设备厂商、第三方公司以及爱好者、发烧友们推出了各种各样的驱动程序，其纷繁复杂程度常常令普通用户无所适从。要想能够为硬件设备选择最为匹配的驱动程序，首先应该明确驱动程序的各种类型。

（1）按照驱动程序所支持的硬件分类。

① 主板驱动程序：包括控制芯片组、IDE、SATA、PCI、USB 等部件或接口。

② 显示设备驱动程序：包括独立显卡、CPU 内置显卡、显示器、电视卡等设备。

③ 音频设备驱动程序：包括独立声卡、板载声卡和显示部件内置音频单元等。

④ 网络设备驱动程序：包括有线网卡、无线网卡、调制解调器等设备。

⑤ 其他设备驱动程序：如摄像头、打印机、触控板等。

⑥ 综合驱动程序：由台式品牌机和笔记本电脑厂商随产品附赠，其中包括对应型号计算机的所有硬件驱动程序。

（2）根据驱动程序支持的操作系统分类。按照驱动程序所支持的操作系统及其版本，可分为 DOS 驱动程序、Windows 2000/Windows XP/Windows 2003 32/64 位驱动程序、Windows Vista/Windows 7/Windows 8/Windows 8.1 32/64 位驱动程序、Linux x86/Linux x64/Linux x86- x64 驱动程序等。

（3）根据驱动程序的发布者分类。主板、显卡等很多硬件设备的档次和性能主要取决于所采用的核心芯片。若设备厂商完全依照芯片厂商推荐的布线方法和元器件布局进行某型号硬件设备的设计和生产，则称该型号硬件设备为公版；反之，设备厂商亦可采用自行设计的布线及元器件配置方案进行硬件设备的生产，这就是非公版。与此相应，硬件设备的驱动程序也可分为两大类：

① 公版驱动程序：即由芯片厂商按照公版设计规范编制和发布的驱动程序，如 nVIDIA 的 ForceWare 驱动和 AMD 的 Catalyst 驱动。公版驱动程序一般适合于采用相同核心芯片的所有产品，包括公版产品和非公版产品。下面是目前常用的几种公版驱动程序：

控制芯片组：Intel Chipset Device Software 和 AMD Chipset Drivers。

显示卡：AMD Radeon Graphics Drivers、nVIDIA GeForce Driver 和 Intel HD Graphics Driver。

声卡：Realtek HD Audio Codec Driver、ATI HDMI Audio Device Driver 等。

网卡：Realtek 100/1000 PCI-E NIC Family all in one NDIS Driver、Marvell Yukon Ethernet Controller Miniport Driver、Broadcom Ethernet NIC Driver 等。

② 非公版驱动程序：是硬件设备厂商为其产品量身定做并发布的驱动程序，一般只适用于自身品牌的产品。

提示：公版驱动程序的兼容性较好，并且通常性能出色，更新速度快，如 AMD 的 Catalyst 驱动几乎每个月更新一次；而非公版的硬件设备则采用了独特的布线设计及元器件配备方案，厂商为其量身定制的驱动程序往往比公版驱动程序更能发挥其效能,而且这种驱动程序通常附带有专门针对自己产品系列的各种控制设定程序，调节比较方便。当然有些设备生产厂商所发布的驱动程序只是在公版驱动程序内核基础上做一些自己的外部包装，几乎可以看作换了个标志的公版驱动，其性能也与公版几乎完全相同。不过近年来由于竞争激烈，导致很多产品生命周期缩短，开发周期成本成为最主要的成本因素，因此现在设备生产厂商很多采用了公版设计。

（4）按照驱动程序的版本分类。

① 官方正式版：是由芯片厂商或设备生产厂商研发，经过反复测试、修正，最终通过官方渠道（官方网站、硬件产品附带光盘等）发布出来的正式版驱动程序。其最大特点是稳定性

高，兼容性好，适合于普通用户使用。

② 微软 WHQL 认证版：WHQL 是 Windows Hardware Quality Labs 的缩写，意即"Windows 硬件品质实验室"。它是 Microsoft 对各硬件厂商驱动程序的一种认证，是为了测试驱动程序与 Windows 操作系统的相容性与稳定性而制定的。如果硬件厂商提交的驱动程序能够通过 Windows 兼容性测试，就可以获得 WHQL 认证。

提示：并非未经 WHQL 认证的驱动程序一定不好，事实上由于 WHQL 认证耗时长、费用高，而设备厂商的驱动程序更新较快，所以也不会每次都经过认证之后才发布。

③ 第三方驱动：一般是指硬件设备的 OEM 厂商发布的基于官方驱动优化而成的驱动程序，它通常比官方正式版拥有更加完善的功能和更加强劲的整体性能。因此，第三方驱动应该是品牌机用户首选的驱动程序。

④ Beta 测试版：这是指处于测试阶段，尚未正式发布的驱动程序。与旧的正式版相比，Beta 测试版驱动程序可能会提高硬件性能，但同时可能存在 Bug 而无法保证其稳定性与兼容性。

⑤ 发烧友修改版：这主要是指某些显卡驱动程序，又称改版驱动程序。由于众多游戏发烧友对显卡性能的期望较高，而厂商所发布的显卡驱动程序往往不能满足游戏爱好者的需求，因此就诞生了经过修改的、能够满足游戏爱好者更高性能要求的显卡驱动程序。

为了确保计算机运行的稳定性，普通用户应该选用官方正式版的驱动程序，其中 Windows 用户最好安装 WHQL 版本。熟练用户和发烧友则希望硬件性能能得到更充分的发挥，因此可以试用 Beta 测试版或发烧友修改版的硬件驱动程序。

5）驱动程序的文件构成

在不同的操作系统环境中，驱动程序安装包的类型及其文件构成，驱动程序文件在系统中的安装位置都各不相同。由于目前各种版本的 Windows 操作系统仍然占据主流地位，因此以 Windows 7 系统环境为例，介绍驱动程序的文件构成。

（1）驱动程序安装包的类型与内容。用于 Windows 操作系统的驱动程序安装包通常分为两种：一种是.exe 文件，可以直接运行安装；另一种则是.zip、.rar 等格式的压缩文件，必须解压缩之后才能安装。这两种文件虽然类型不同，但若将其内容提取出来，则可发现它们都是由若干.inf、.sys、.dll、.cat、.exe、.dat、.msi、.xml、.oem 等类型的文件构成的。其中：

.inf 文件是设备驱动程序的安装信息文件，它用特定格式的语句描述要安装的设备类型、型号、生产厂商，要复制的文件及其目标路径，需要添加到注册表中的信息等。通过解读其中的语句，Windows 即可知道应该如何安装驱动程序。

.cat 文件是安全编录文件，它表明驱动程序是通过了 WHQL 认证测试的版本。若无该文件，则驱动程序安装过程中会出现警告信息。

.sys、.dll、.dat、.exe 等类型的文件则是驱动程序的主要部分，将被安装到 Windows 系统的特定位置，硬件设备的驱动是由这些文件实现的。

（2）安装到 Windows 系统中的驱动程序文件。在 Windows 系统中安装设备驱动程序时，一般会将.inf 文件复制一份到 Windows\Inf 文件夹中，以备将来使用；.sys 文件是驱动程序的核心文件，它们被复制到 Windows\system32\drivers 文件夹；.dll、.dat、.exe 和.xml 等类型的文件则通常放置于 Windows\system32 或 Windows 文件夹。

提示：在 Windows 桌面右击"计算机"图标，执行快捷菜单中的"属性"命令打开"系统"窗口，在左边的导航区中单击"设备管理器"按钮打开相应窗口，然后在设备类型列表中双击某项或单击其前面的▷展开其下的设备名称，如图 5-1 所示；双击设备名称弹出其属性对话框，切换到"驱动程序"选项卡，单击"驱动程序详细信息"按钮打开相应对话框，即可看到该设备驱动程序的全部文件信息，如图 5-2 所示。

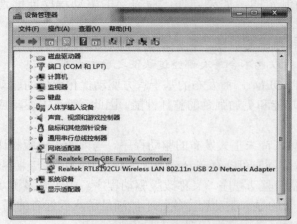

图 5-1　展开某类设备的名称列表

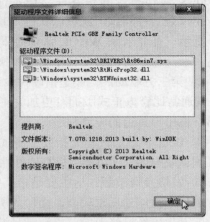

图 5-2　驱动程序文件的详细信息

2. 驱动程序的获取

1）确定需获取驱动程序的设备及其型号

高版本的 Windows 系统自身带有较多的标准驱动程序，使其在安装时能够自动识别和驱动的硬件设备越来越多。面对硬件配置和所安装的 Windows 系统版本各不相同的计算机，用户究竟必须安装哪些设备的驱动程序，如何确定这些硬件的准确型号呢？

（1）确定需要安装驱动程序的硬件设备。在 Windows 系统中打开"设备管理器"窗口，如果其中没有出现带黄色感叹号标识的设备，则说明该计算机的所有硬件设备已经处于正常工作状态，可以不再安装驱动程序。反之，在设备类型列表中出现带有问号标识的"其他设备"，其所列设备皆显示黄色感叹号标识，表明它们是系统不能识别的未知设备，或者其处于非正常工作状态，如图 5-3 所示。这些带黄色感叹号标识的设备就必须由用户安装驱动程序，它们通常包括：

① SM 总线控制器：System Management Bus（系统管理总线），集成于控制芯片组中。

② 视频控制器（VGA 兼容）：显示卡。

③ High Definition Audio 总线上的音频设备（或 PCI Multimedia Audio Device）：声卡。

④ 以太网控制器（或 PCI Ethernet controller）：网卡。

提示：目前很多计算机拥有两个音频设备，一个是集成到主板上的音频芯片（即板载声卡），另一个是显示卡或控制芯片组内置的 HDMI 音频单元；不少计算机也配置了双显示卡，其一为安装在主板上的独立显卡，另一个是整合于控制芯片组或 CPU 中的图形处理单元；笔记本电脑则通常配有双网卡，即有线网卡和无线网卡。

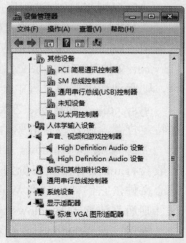

图 5-3　需要安装驱动程序的设备

在某些计算机中，可能在"其他设备"下面并未列出带黄色感叹号标识的"视频控制器（VGA 兼容）"，但在"显示适配器"下却会发现"Standard PCI graphics adapter（VGA）"。这同样意味着显示卡的驱动程序尚未安装，此时使用的是 Windows 内置的标准驱动程序，能够支持的屏幕分辨率和颜色深度有限，远不能发挥显示卡应有的效能。

（2）检测硬件设备的型号。驱动程序与硬件设备（主要是其核心芯片）之间有着严格的对应关系。如果安装了不合适的驱动程序，轻则该设备不能正常工作，重则导致设备异常、计算机死机、无法启动等故障。因此，在下载、安装驱动程序之前，必须准确地掌握本机硬件设备的具体型号。主要方法如下：

① 直接查看硬件设备上的标示。打开机箱，直接查看并准确记录需要安装驱动程序的各部件（或其核心芯片）上的型号标示。

② 用工具软件检测硬件型号。可以利用 AIDA64、HWiNFO32、鲁大师等工具软件，全面、准确地检测出计算机中各种硬件设备的名称、型号、生产厂家和技术参数等信息。图 5-4 所示为 AIDA64 的硬件检测结果。

图 5-4　用 AIDA64 检测计算机中的硬件型号

③ 通过硬件 ID 确定其准确型号。用前述两种方法来确定硬件型号并不一定可靠：有些硬件设备没有标注型号，或其表面已经磨损，无法看清具体型号；也有可能测试软件没有及时更新，不能准确检测硬件的真实型号。如果遇到这种情况，我们可以通过硬件 ID 来确定其准确型号。获取硬件 ID 的方法为：

首先将硬件正确安装、连接到计算机，然后打开"设备管理器"窗口，双击想要查看的设备名称打开其属性窗口，切换到"详细信息"选项卡，在"属性"下拉列表中选择"硬件 Id"，即可显示该硬件的 ID 字符串，如图 5-5 所示。

硬件 ID 是能唯一标识硬件的一个字符串编码，其格式如下：

图 5-5　在"设备管理器"中查看硬件 ID

VEN_xxxx&DEV_yyyy

其中：VEN 代表硬件厂商，DEV 代表产品编号；xxxx、yyyy 为数字、英文字符或数字与英文字符的组合。

有了硬件 ID，再利用搜索引擎（www.baidu.com、cn.bing.com、www.google.com.hk 等）在 Internet 上对该关键词进行搜索，即可得知此款硬件的具体型号。若遇比较罕见的硬件 ID，不能查知其准确型号，也可通过访问某些专业网站（如 www.devid.info/ca），或求助于硬件厂商的客服、玩家论坛，得到与之对应的驱动程序。另一方面，如果已有某种设备的驱动程序包，则可在其.inf 文件中查找对应的硬件 ID 字符串，若能找到完全匹配的内容，即可确定此驱动程序能够对该硬件提供良好的支持。

2）获取驱动程序的主要途径

（1）硬件厂商随产品提供。通常硬件设备的生产厂商都会针对自己的产品特点开发专门的驱动程序，并在销售硬件设备时以光盘的形式免费提供给用户。

不过，通常硬件厂商随产品附送的驱动程序版本较低，虽然可使设备的运行稳定可靠，但却未必能够充分体现硬件的功能和性能。所以，用户最好能够自行获取并安装较高版本的驱动程序，以使计算机硬件能够在保持稳定运行的基础上最大限度地发挥性能。

（2）从硬件厂商网站下载。正规的芯片厂商和设备厂商都会将自家产品的驱动程序及时发布在官方网站上并时常更新，供用户下载使用。图 5-6 所示即为 nVIDIA 公司官方网站的驱动程序下载页面。

图 5-6　从 nVIDIA 官方网站下载驱动程序

（3）从专业网站下载。不少专业的硬件网站或软件网站也提供丰富的驱动程序下载，而且往往容易获得较新版本。这类网站的代表有驱动之家（www.mydrivers.com）、驱动中国（www.qudong.com）、中关村在线驱动下载频道（driver.zol.com.cn）等，以驱动之家最为著名。图 5-7 所示即为驱动之家网站的驱动程序查询页面。

图 5-7　"驱动之家"网站的驱动程序查询页面

（4）利用工具软件获取。驱动精灵（Driver Genius）、驱动人生（DriveTheLife）、鲁大师等软件提供全面的驱动程序管理功能，利用它们能够检测计算机中各种硬件设备的型号，并自动下载、安装对应的驱动程序。

3. 驱动程序的安装

1）驱动程序的一般安装顺序

安装计算机中的硬件设备驱动程序时主要应遵守"从内到外"的原则，即首先安装板载设备，然后是内置板卡，最后才是外围设备。具体顺序为：主板控制芯片组（Chipset）→显示卡（VGA）→声卡（Audio）→网卡（LAN）→无线网卡（Wireless LAN）→红外线（IR）→触控板（Touchpad）→PCMCIA 控制器（PCMCIA）→读卡器（Flash Media Reader）→调制解调器（Modem）→打印机（Printer）→扫描仪（Scanner）。若不按正常的顺序安装，很有可能导致某些设备驱动失败。

提示：在 Windows 系统安装完成之后，应首先安装其最新的 SP（Service Pack）补丁包，再安装硬件驱动程序，然后安装 DirectX 的适当版本。对于 Windows 7 系统来说，目前应当安装的是 SP1 和 DirectX 11.0。

2）驱动程序的安装方法

驱动程序是一种特殊的系统软件，其安装方法和安装过程都与普通软件大不相同，其中有很多学问。设备类型、驱动程序版本与文件类型、操作系统环境以及计算机用户的不同，都可能导致驱动程序的安装方法和安装过程也不相同。

Windows 在"控制面板"中专门提供了"添加设备"来帮助安装硬件驱动程序，用户只要告诉硬件向导在哪儿可以找到与硬件型号相匹配的.inf 文件，剩下的绝大部分安装工作都将由硬件安装向导自己完成。虽然 Windows 支持即插即用，能够为用户减轻不少工作，但由于计算机设备的品牌和型号非常多，加上新产品不断涌现，Windows 不可能自动识别出所有设备，因此在安装很多设备时还是需要人工干预的。下面举例介绍在 Windows 7 系统环境中安装设备驱动程序的几种常用方法。

（1）使用驱动光盘安装。使用随硬件附赠的驱动光盘进行安装是最简单的方法，如

Biostar Hi-Fi Z87W 主板采用 Intel Z87 芯片组，集成 Realtek RTL8111F 网络芯片和 Realtek ALC892 音频芯片。随主板提供的驱动光盘包括了所有这些硬件的驱动程序，并且其安装程序的界面友好，功能完善，既可自动安装全部驱动程序，也能选择安装其中一部分硬件驱动程序。操作过程如下：

① 在 Windows 环境中，将 Biostar Hi-Fi Z87W 主板驱动光盘放入光驱，安装程序将自动运行（若未能自动运行，则执行 Setup.exe 文件）。首先进行本机所安装的主板型号和 Windows 系统版本检测，其结果如图 5-8 所示。

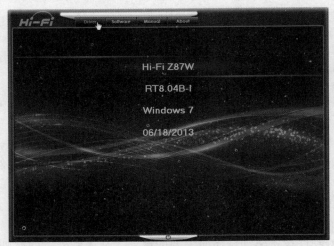

图 5-8　Biostar Hi-Fi Z87W 主板驱动程序光盘安装界面

② 单击上端的 Driver 按钮，安装程序检测硬件设备后显示将要安装的驱动程序列表，如图 5-9 所示。接下来的操作有三种选择：

直接单击下方的 Install 按钮，依次进行所选硬件驱动程序的安装，过程中逐个显示各驱动程序的解压、安装对话框，如图 5-10 所示。

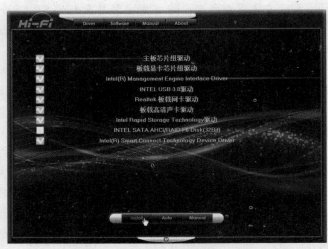

图 5-9　将要安装的驱动程序列表

　　提示：某些驱动程序安装时会弹出"许可协议"对话框，需用户选择"我接受许可协议的条款"，并单击"下一步"按钮方能继续安装，如图 5-11 所示。

图 5-10　驱动程序解压、安装对话框　　　　　图 5-11　"许可协议"对话框

　　单击下方的 Auto 按钮，自动检测和选择需安装的驱动程序，然后单击 Install 按钮进行安装。

　　单击下方的 Manual 按钮，将清除对所有驱动程序的选择，由用户选择想要安装的驱动程序，再单击 Install 按钮进行安装。

　　③ 所选驱动程序安装完成后，显示提示框如图 5-12 所示，单击"是"按钮，使计算机重启。

　　提示：某些驱动程序在安装过程中会弹出警告信息，提示"Windows 无法验证此驱动程序软件的发布者"，如图 5-13 所示。这仅表明该驱动程序未经 WHQL 认证，并不意味着一定会出现问题。只要能够确定驱动程序与硬件型号匹配并且来源可靠，就可选择"始终安装此驱动程序软件"继续进行安装。

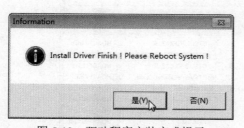

图 5-12　驱动程序安装完成提示

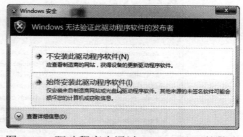

图 5-13　驱动程序未通过 WHQL 认证的警告

　　（2）运行安装程序。如果驱动程序安装包仅为一个.exe 文件，或者提供了安装程序（通常名为 Setup.exe 或 Install.exe），则应直接运行之，随后根据界面提示接受"许可协议"，并单击几次"下一步"（Next）按钮，即可轻松完成驱动程序的安装。这里以安装 TP-LINK TL-WN823N 无线网卡（Realtek RTL8192CU 芯片）的驱动程序为例，介绍其操作过程：

　　① 在"计算机"窗口中打开 TP-LINK TL-WN823N 无线网卡的驱动光盘，进入驱动程序文件夹；执行安装程序 Setup.exe，启动驱动程序安装向导。

② 在"欢迎"界面单击"下一步"按钮，进入"安装类型"对话框，如图 5-14 所示；按需要选择安装类型并单击"下一步"按钮，进入"可以安装程序了"对话框。

③ 单击"安装"按钮，即开始安装驱动程序；结束之后单击"完成"按钮，如图 5-15 所示。

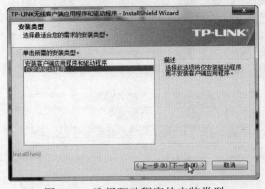
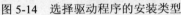

图 5-14　选择驱动程序的安装类型

图 5-15　驱动程序安装完成提示框

（3）通过"设备管理器"安装。设备管理器是 Windows 操作系统提供的对计算机硬件进行管理的一个图形化工具，使用它可以更改计算机硬件的配置，获取设备的驱动程序信息，实现设备的启停转换以及进行驱动程序的更新、卸载等。

从理论上说，驱动程序安装包中可以不提供安装程序，但应该包括安装信息文件（.inf 文件），通过它就能够在"设备管理器"中完成驱动程序的安装。这里以安装 Biostar Hi-Fi Z87W 主板的板载声卡（Realtek ALC892 音频芯片）驱动程序为例，详述其操作方法：

① 从驱动之家网站（www.mydrivers.com）下载 Realtek HD Audio 公版驱动程序包，将其解压到文件夹\Realtek HD Audio_win7，再打开下级文件夹 Vista，其中有.inf、.cat、.sys、.dll、.exe 等类型的驱动程序文件，如图 5-16 所示。

图 5-16　Realtek HD Audio 公版驱动程序文件

② 右击桌面上的"计算机"图标，执行快捷菜单中的"属性"命令打开"系统"窗口；

在导航窗格中单击"设备管理器"打开相应窗口，右击"声音、视频和游戏控制器"下带有黄色感叹号标识的"High Definition Audio 设备"，执行快捷菜单中的"更新驱动程序软件"命令（或双击该设备名称，在弹出的对话框中单击"更新驱动程序"按钮），如图 5-17 所示。

③ 弹出"您想如何搜索驱动程序软件"对话框，如图 5-18 所示。此处提供两种选择：其一为"自动搜索更新的驱动程序软件"，即由 Windows 在计算机和 Internet 上自动搜索、安装与硬件设备对应的驱动程序，耗时较长，若不能确定驱动程序在计算机中的具体位置，可单击此选项；其二为"浏览计算机以查找驱动程序软件"，即由用户指定在计算机中驱动程序的准确位置，因此可跳过搜索而实现快速安装。

图 5-17 从"设备管理器"开始驱动程序安装

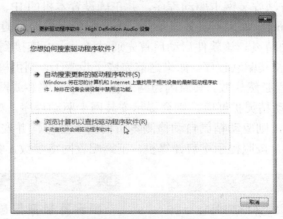

图 5-18 选择驱动程序的搜索方法

④ 单击"浏览计算机以查找驱动程序软件"，进入"浏览计算机上的驱动程序文件"对话框，如图 5-19 所示；单击"浏览"按钮，在"浏览文件夹"对话框中准确选定驱动程序文件夹，单击"确定"按钮，如图 5-20 所示（或直接在文本框中输入驱动程序文件夹的完整路径）。

⑤ 返回"浏览计算机上的驱动程序文件"对话框后，单击"下一步"按钮，开始检查并安装驱动程序，完成后单击"确定"按钮，则设备名称变为 Realtek High Definition Audio。

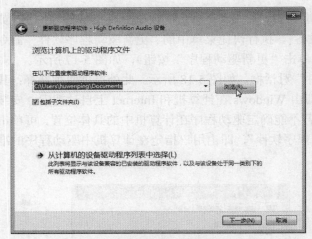

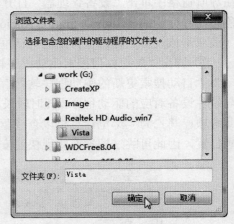

图 5-19　浏览计算机中的驱动程序文件　　　　　图 5-20　选择驱动程序文件夹

（4）利用工具软件安装。利用驱动精灵（Driver Genius）、驱动人生（DriveTheLife）等第三方工具软件，可以轻松实现硬件检测和驱动程序下载、安装、升级、备份、还原等工作的智能化和一体化，用户只需单击几次按钮即可完成全部工作，非常适合不熟悉硬件型号的新手使用。

这类软件需连接到 Internet 上的服务器中获取硬件驱动程序，所以通常有两种版本：一是标准版本，必须在能正常连入 Internet 的计算机中使用；二是集成网卡驱动版本（扩展版），其中包含了常见网卡的驱动程序，可在运行时自动检测并驱动网卡，因此使用更为方便。这里以驱动精灵为例介绍其使用步骤：

① 采用前述任一方法安装网卡驱动程序，并正确设置本机的 IP、DNS 地址等网络参数，使之能够正常连入 Internet。如果不具备该条件，则必须使用扩展版的驱动精灵。

② 安装并运行驱动精灵。该软件启动后首先通过 Internet 连接到其专用服务器，然后自动检测本机的硬件设备及其驱动程序。如果之前完成了步骤①，则可检测成功，然后直接跳到步骤④；否则此检测过程必然失败，其原因为网卡驱动程序未安装或网络参数设置不正确。对于前者，若所用的是驱动精灵扩展版，则会提示安装网卡驱动程序，如图 5-21 所示。

③ 单击按钮"是"，则驱动精灵自动检测本机的网卡型号，并安装对应的驱动程序，如图 5-22 所示。完成之后，按照提示重启计算机，正确配置网络参数，驱动精灵即可正常工作。

图 5-21　安装网卡驱动程序提示框　　　　　图 5-22　智能安装网卡驱动程序过程

④ 在检测结果中，"驱动故障"下面所列即为尚未安装驱动程序的设备，如图 5-23 所示。

⑤ 单击"驱动故障"后的"修复"按钮，进入"问题解决向导"对话框，其中列出需要修复的设备及其驱动程序名称，如图 5-24 所示。

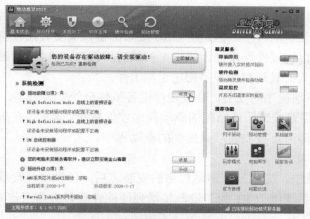

图 5-23 驱动精灵检测到未安装驱动程序的设备

⑥ 单击 "下一步" 按钮, 显示即将安装的驱动程序与核心文件版本、发布日期等详细信息, 如图 5-25 所示。

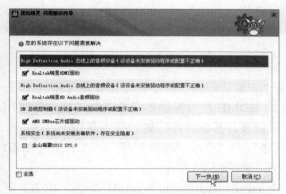

图 5-24 需要修复的设备驱动程序列表

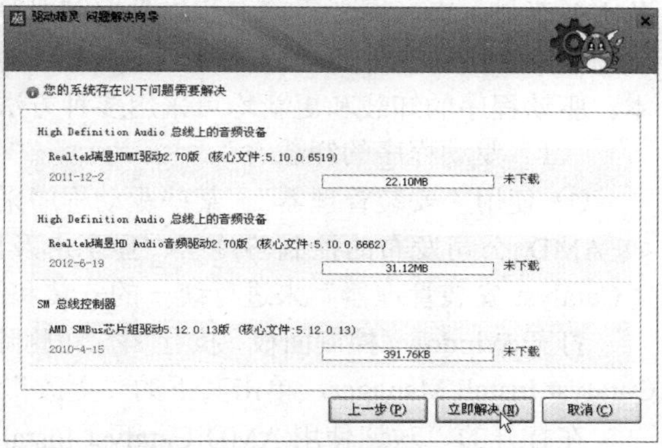

图 5-25 即将安装的驱动程序详细信息

⑦ 单击 "立即解决" 按钮, 即开始从服务器同时下载所有驱动程序。任一驱动程序下载完毕, 则自动以相应的方法(运行安装程序或使用 "设备管理器")进行安装, 如图 5-26 所示。

⑧ 全部驱动程序安装完毕, 单击 "解决完毕" 按钮, 并按要求重启计算机, 如图 5-27 所示。

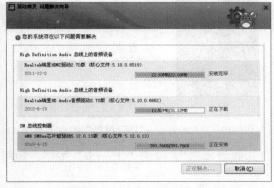

图 5-26 驱动程序下载与安装过程

图 5-27 驱动程序问题解决完毕

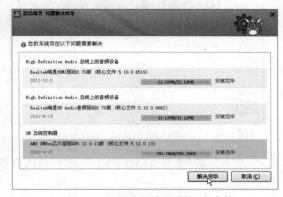

（4）摄像头驱动程序的安装。在 Windows 系统环境中，一般的设备都是先将硬件正确安装到主机，然后安装其驱动程序。但采用 USB 接口的摄像头安装比较特殊，这类设备通常都应先安装驱动程序，再将硬件连接到计算机主机的对应接口。这样 Windows 系统才能正确识别该类设备，然后将其关联到驱动程序使之正常工作。

（5）特殊设备驱动程序的安装。有些硬件设备虽然已经安装好了，但 Windows 却无法发现它，这种问题一般需要安装厂商原配的驱动程序才能解决。因此，在确认硬件设备已经正确安装到计算机之后，即可直接安装厂商提供的驱动程序。

4. 驱动程序的管理

在 Windows 系统中，完成所有驱动程序的安装之后，各种硬件设备即可正常工作。但在计算机的日常使用和系统维护中，为了进一步增强硬件性能和提高工作效率，用户还应对驱动程序进行适当的管理工作。

1）驱动程序的卸载与更新

为了纠正错误、完善功能及提高性能，设备厂商会在一定时限内多次发布驱动程序的更新版本。通常情况下，用户只需要更新对计算机系统性能有显著影响的设备驱动程序，这些设备主要有显示卡、网卡、声卡和磁盘控制器等。

用户在更新硬件驱动程序时，可以先卸载旧版，再安装新版，亦可直接用新版本替换老版本。驱动程序的卸载和更新均可采用多种方法实现。

（1）驱动程序的卸载。

① 使用"安装管理器"。某些驱动程序采用"安装管理器"统一管理其安装与卸载过程。如 AMD 公司发布的控制芯片组、显示卡及内置 HDMI 音频等设备的公版驱动程序即采用"Catalyst 安装管理器"来进行统一的安装和卸载管理，其驱动程序的卸载步骤如下：

打开 Windows 控制面板，执行"添加/删除程序"，在"更改或删除程序"列表中找到 AMD Catalyst Install Manager，单击其下的"更改"按钮，如图 5-28 所示。

在打开的"欢迎使用 AMD Catalyst Install Manager InstallShield Wizard"界面，单击"下一步"按钮，如图 5-29 所示。

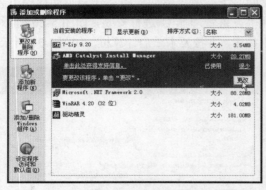

图 5-28　运行 AMD Catalyst Install Manager

图 5-29　"Catalyst 安装管理器"的欢迎界面

在"卸载/修复 AMD 软件组件"对话框选择"卸载管理器"，单击"下一步"按钮，如图 5-30 所示。

在"卸载"对话框中，若想直接卸载全部 AMD Catalyst 驱动程序组件，则选择"快速"；如果只需卸载一部分驱动程序，则应选择"自定义"。然后单击"下一步"按钮，如图 5-31 所示。

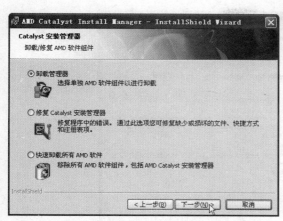

图 5-30　选择"卸载管理器"

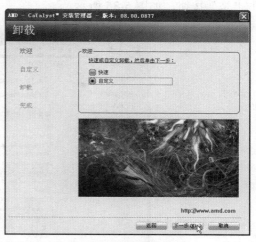

图 5-31　选择卸载方法

　　若进入"自定义卸载"界面，则在"组件选择"列表中选择需要卸载的驱动程序组件，如图 5-32 所示；单击"下一步"按钮即开始卸载所选组件，如图 5-33 所示。最后单击"完成"按钮。

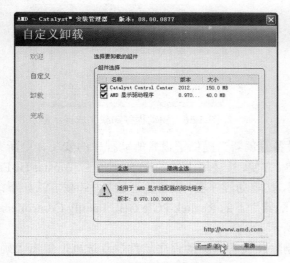

图 5-32　选择需要卸载的组件

图 5-33　卸载驱动程序的过程

　　② 利用控制面板的"卸载程序"功能。如果设备驱动程序是用安装程序完成安装的，则可像普通 Windows 应用软件一样利用控制面板的"程序和功能"来完成卸载。如 Realtek（瑞昱）公司以.exe 文件形式发布的公版声卡驱动程序在 Windows 系统中安装后，即可用这种方法卸载，其步骤如下：

　　打开 Windows 控制面板，执行"程序和功能"，在"卸载或更改程序"列表中选择 Realtek High Definition Audio Driver，再单击上面的"卸载/更改"按钮（或直接双击该项），如图 5-34 所示。

弹出消息框，让用户确认"是否删除 Realtek High Definition Audio Driver 驱动程序"，单击"是"按钮，如图 5-35 所示。

图 5-34 选择要卸载的驱动程序

开始卸载 Realtek High Definition Audio Driver，结束之后单击"完成"按钮，将自动重启计算机，如图 5-36 所示。

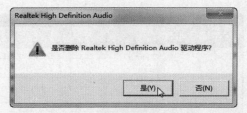

图 5-35 驱动程序卸载确认框

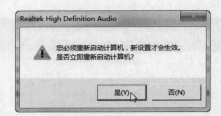

图 5-36 驱动程序卸载完成提示框

③ 使用"设备管理器"。Windows 的"设备管理器"提供了设备驱动程序的安装、更新、回滚、卸载等功能，其中驱动程序卸载操作简单、方便，且适用于各种设备。这里以 Biostar Hi-Fi Z87W 主板的板载 Realtek RTL8111F 网卡为例，其驱动程序在"设备管理器"中卸载方法如下：

打开"设备管理器"窗口，右击"网络适配器"下的 Realtek PCIe GBE Family Controller，执行快捷菜单中的"卸载"命令，如图 5-37 所示。

弹出"确认设备卸载"对话框，选中"删除此设备的驱动程序软件"复选框，单击"确定"按钮即可完成卸载，如图 5-38 所示。

（2）驱动程序的更新。驱动程序更新即用新版本替换旧版本，可使设备的潜力得到更好的发挥，从而提高其性能。

① 执行安装程序。如果新版的驱动程序安装包为一个.exe 文件，或者解压之后有安装程序（Setup.exe），则可直接运行它，完成之后新版的驱动程序会自动替换掉旧版本。其操作步骤与驱动程序初始安装时相同，可参考前面的对应内容。

② 使用"设备管理器"。要在"设备管理器"中更新驱动程序，必须先将新版的驱动程序安装包解压到磁盘文件夹中，并且其中应包括.inf、.cat、.sys、.dll、.dat 等类型的文件。假

设已将 Intel HD Graphics 4400 核心显卡的新版驱动程序安装包解压至 G:\Intel4400 文件夹，则其更新操作如下：

图 5-37　选择驱动程序并执行"卸载"命令

图 5-38　确认卸载设备驱动程序

打开"设备管理器"窗口，右击"显示卡"下的 Intel HD Graphics 4400，在快捷菜单中执行"更新驱动程序软件"命令，如图 5-39 所示。

进入"您想如何搜索驱动程序软件"对话框，此后的步骤与前述通过"设备管理器"安装驱动程序相同，其中应注意在"浏览文件夹"对话框中选准新版驱动程序所在的文件夹（G:\Intel4400），如图 5-40 所示。

图 5-39　选择设备并执行"更新驱动程序软件"命令

图 5-40　选择新版驱动程序的位置

③ 利用工具软件。驱动精灵、驱动人生等第三方工具软件能够自动检测、下载和安装计算机中所有设备的新版驱动程序，使用起来最为方便。仍以驱动精灵为例，其操作步骤如下：

运行驱动精灵，在"基本状态"界面中单击"立即检测"按钮，则对本机安装的各种设备驱动程序进行检测，并与服务器中的最新版本进行比较，完成之后显示驱动程序升级信息，如图 5-41 所示。

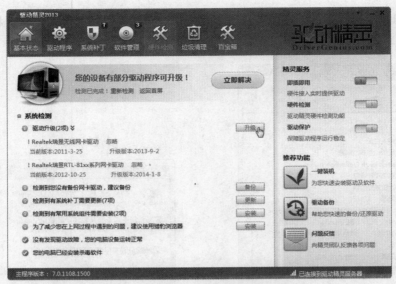

图 5-41　可升级的设备驱动程序信息

单击"升级"按钮切换到"驱动程序"界面的"标准模式"选项卡，显示可更新的设备驱动程序版本、发布日期和文件大小等详细信息，可根据实际需要从中选择若干项；单击"安装"按钮可分别下载并更新对应的单个设备驱动程序，单击"一键安装"按钮则能同时下载并安装所选的全部设备驱动程序新版本，如图 5-42 所示。

图 5-42　下载并安装所选的设备驱动程序新版本

提示：Windows 的"设备管理器"和驱动精灵都提供"回滚驱动程序"功能。如果驱动程序更新导致设备工作异常或性能下降，则可使用该功能将其恢复到以前的版本。

2）驱动程序的备份与还原

在计算机硬件配置不变的情况下，每次重装操作系统时都要逐一安装相同的硬件驱动程序，这无疑是一件费力、耗时的事情。为了避免这种重复劳动，可以在计算机硬件工作正常时将驱动程序备份到磁盘上的可靠位置，以后重装操作系统时，只需将备份的驱动程序快速还原即可。对于普通用户来说，以手工方式完成该项工作是复杂而困难的，因此通常借助于驱动精灵等第三方工具软件来实现。

（1）驱动程序的备份。

① 运行驱动精灵，在"驱动程序"界面切换到"备份还原"选项卡；选择需要备份的驱动程序（或选中"全选"复选框，使全部设备驱动程序自动选取），如图 5-43 所示。

② 若要自定义备份方式和文件存放路径，可单击右下角的"路径设置"按钮打开"设置"对话框；在"驱动备份路径"文本框后单击"打开目录"按钮，打开"浏览文件夹"窗口，选择或新建一个文件夹后，单击"确定"按钮返回"设置"对话框；在"备份设置"区域中选择备份文件的保存方式，最后单击"确定"按钮，如图 5-44 所示。

图 5-43　选择需要备份的设备驱动程序

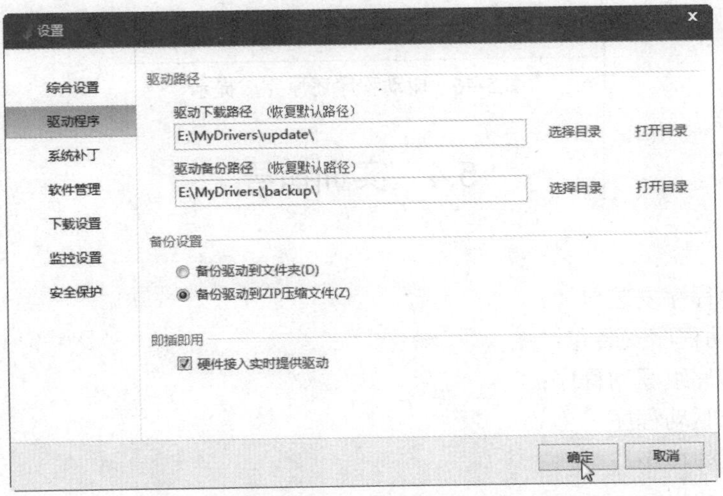

图 5-44　设置驱动程序备份的方式和路径

③ 单击"备份"按钮，即开始对该项设备驱动程序进行备份；单击"一键备份"按钮，则可依次备份已选的全部设备驱动程序。完成后显示提示框，单击"确定"即可。

（2）驱动程序的还原。驱动程序还原一般在重装 Windows 系统后执行，其操作步骤为：

① 运行驱动精灵，在"驱动程序"界面切换到"备份还原"选项卡，在本机的所有设备驱动程序列表中，已有备份文件的项目会显示为"已备份"状态，单击"还原"按钮即可开始将其还原到本机 Windows 系统中，如图 5-45 所示。

② 完成之后弹出消息框，单击"是"按钮，将自动重启计算机，如图 5-46 所示。

图 5-45　还原指定的设备驱动程序

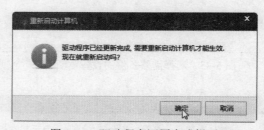

图 5-46　驱动程序还原完成提示

5.4　实训指导

1. 准备工作

1）准备驱动程序安装包

准备以下驱动程序安装包：

（1）控制芯片组驱动程序；

（2）显示卡驱动程序；

（3）声卡驱动程序；

（4）网卡驱动程序。

　　这些驱动程序必须与实训所用计算机中的硬件型号完全对应。若为台式品牌机或笔记本电脑，可直接使用随机赠送的驱动程序综合安装光盘，或从厂商官方网站下载其更新版本；如果是组装兼容机，则可使用随各硬件分别附送的驱动光盘。若驱动程序安装光盘已遗失，则应先确定需要安装驱动程序的硬件设备及其准确型号，再从各硬件厂商官方网站或可靠的专业网站下载对应的驱动程序安装包。如果所得的驱动程序安装包为非.exe 类型的压缩文件，还应先将其分别解压到磁盘文件夹中。

　　提示：由于 HDMI 音频设备内置于控制芯片组或显示卡中而不独立存在，因此其驱动程序一般不单独发布，而是被捆绑在其"宿主"的设备驱动程序之中。

　　本实训以某台式兼容机为例，介绍在 Windows 7 系统中安装其主板控制芯片组、显示卡、声卡和网卡驱动程序的详细步骤。

　　该机采用 Intel I3 CPU 和 Intel Z87 控制芯片组主板，其 CPU 内置 Intel HD Graphics 4400 核心显卡，主板集成 Realtek ALC892 声卡和 Realtek RTL8111F 网卡，并安装了 TP-LINK TL-WN823N（RTL8192CU 芯片）无线网卡。虽然主板和无线网卡厂商都随产品附送了驱动光盘，可以非常简单地完成全部驱动程序的安装，但厂商附送的驱动程序版本较低，因此需按前述方法获取新版驱动程序：在该机中安装 32 位 Windows 7 之后，先在"设备管理器"中查看尚未安装驱动程序的设备，再用 AIDA64 检测各硬件的具体型号，据此获取对应的驱动程序，如表 5-1 所示。

表 5-1　实例计算机的硬件型号及其驱动程序

设备名称	设备型号	驱动程序名称、版本	驱动程序文件
控制芯片组	Intel Z87	Intel Chipset Device Software 9.4.0.1027	INF_allOS_9.4.0.1027.exe
显示卡	Intel I3 内置 Intel HD Graphics 4400	Intel HD Graphics Driver 15.33.14.3412	intel_hd_graphics_15_33_14_3412_driver.zip
声卡	Realtek ALC892	Realtek HD Audio Codec Driver 2.73	32bit_Win7_Win8_Win81_R273.exe
网卡	Realtek RTL8111F	Realtek PCIe GBE Family Controller Series Driver 7.078.1218.2013	Driver_Win7_7078_01212014.zip
	TP-LINK TL-WN823N	Realtek Wireless 802.11b/g/n USB 2.0 Network Adapter 1024.3.0718.2013	RTL819xCU_AutoInstallPackage.zip

　　这些驱动程序都可从芯片厂商的官方网站下载，其中控制芯片组与显示卡驱动程序都是 Intel 公司发布的公版，声卡和网卡驱动程序则是芯片厂商 Realtek 公司发布的公版。虽然.exe 类型的单文件驱动程序可以直接运行安装，但它们通常也是一个压缩包，因此可将其中文件提取（解压）出来，利用"设备管理器"安装之。这里的控制芯片组驱动程序 INF_allOS_9.4.0.1027.exe 和声卡驱动程序 32bit_Win7_Win8_Win81_R273.exe 即属此类，现以后者为例介绍其解包方法：

　　① 安装并运行 7-Zip，在其地址栏中选择或输入驱动程序文件所在的磁盘分区，再在文件列表区单击选择该文件，然后单击工具栏中的"提取"按钮打开"提取"对话框，如图 5-47 所示；在"提取到"文本框中输入（或单击"…"按钮，从"浏览文件夹"对话框中选择）目标文件夹（如 E:\Drivers\RTL HD Audio_2.73），单击"确定"按钮即可，如图 5-48 所示。

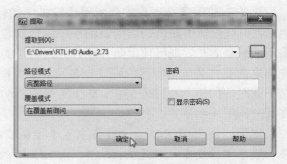

图 5-47　选择要提取的驱动程序源文件　　　　　图 5-48　指定提取的目标位置

提示：在确认已安装 7-Zip 的情况下，右击 32bit_Win7_Win8_Win81_R273.exe 文件，在快捷菜单中指向 7-Zip 菜单项，单击子菜单中的"提取文件"命令，即可打开"提取"对话框，如图 5-49 所示。用 WinRAR 软件也可完成相同的操作。

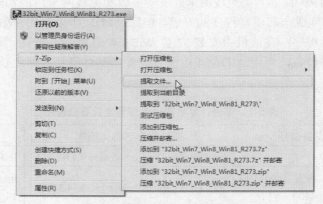

图 5-49　用快捷菜单提取文件

② 进入目标文件夹（E:\Drivers\RTL HD Audio_2.73），发现其中也有安装程序 Setup.exe，如图 5-50 所示；进入其下的 Vista 文件夹，即可见到驱动程序的多个安装信息文件（*.inf 和 *.cat）及若干 .sys、.dll、.exe、.dat 等类型的核心文件，如图 5-51 所示。

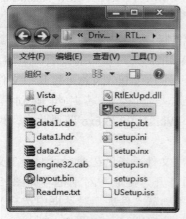

图 5-50　驱动程序的安装程序　　　　　　图 5-51　驱动程序文件

根据惯例，主板控制芯片组的驱动程序保持.exe 单文件形式不变，其他设备驱动程序则用 WinRAR（或 WinZip、7-Zip 等）分别解压到不同的文件夹，最后将它们全部放置于同一个上级文件夹（如 E:\Drivers）中。照此思路，首先在 E:\建立文件夹 Drivers，然后将控制芯片组驱动程序 INF_allOS_9.4.0.1027.exe 直接置于 E:\Drivers 中，而显示卡、声卡、有线网卡和无线网卡的驱动程序则解包后分别放在 E:\Drivers\Intel HD 4400、E:\Drivers\RTL HD Audio_2.73、E:\Drivers\RTL 8111F 和 E:\Drivers\ TL-WN823N 中。

2）准备工具软件

准备以下工具软件：

（1）7-Zip 9.20 for Windows（或 WinRAR 5.01）

（2）驱动精灵 2013。

这两款软件均为免费软件，可从各自官网（www.7-zip.org、www.mydrivers.com）下载。

2. 操作过程

1）安装控制芯片组驱动程序

（1）进入控制芯片组驱动程序所在文件夹（E:\Drivers），双击运行 INF_allOS_9.4.0.1027.exe 文件，解压完成之后首先出现欢迎界面；单击"下一步"按钮，打开"许可协议"窗口，如图 5-52 所示。

（2）单击"是"按钮，进入"Readme 文件信息"界面；单击"下一步"按钮，显示"安装进度"对话框，同时开始进行驱动程序的安装，如图 5-53 所示。

（3）文件复制完毕单击"下一步"按钮，进入"安装完毕"界面；选中"是，我要现在就重新启动计算机"单选项，再单击"完成"按钮，使计算机自动重启。

（4）再次打开"设备管理器"窗口，注意观察"其他设备"下带黄色感叹号标示的"SM 总线控制器"已经消失。

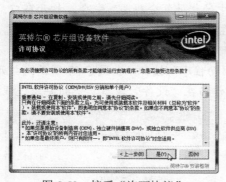

图 5-52 接受"许可协议"

图 5-53 控制芯片组驱动程序安装进度

2）安装显示卡驱动程序

进入显示卡驱动程序所在文件夹（E:\Drivers\Intel HD 4400），可见其中也包括安装程序 Setup.exe，若直接运行该文件进行安装，则其过程与控制芯片组驱动程序的安装类似。这里利用 Windows 的"设备管理器"来安装，因此应注意到驱动程序文件实际位于下级文件夹 Graphics 中，安装步骤如下：

（1）打开"设备管理器"窗口，右击"显示适配器"下的"标准 VGA 图形适配器"，执行快捷菜单中的"更新驱动程序软件"命令，打开"您想如何搜索驱动程序软件"对话框。

（2）单击"浏览计算机以查找驱动程序软件"，进入"浏览计算机上的驱动程序文件"对话框；在文本框中输入显示卡驱动程序文件夹的完整路径（E:\Drivers\Intel HD 4400 \Graphics），或单击"浏览"按钮打开"浏览文件夹"对话框，准确选择显示卡驱动程序所在的文件夹，再单击"确定"按钮，如图 5-54 所示。

提示：若已事先将驱动程序解包后放置在光盘的文件夹中，则此时可将该光盘放入光驱，单击"自动搜索更新的驱动程序软件"，令 Windows 自动从光盘中查找并安装对应的驱动程序。注意这将花费较长的搜索时间。

（3）返回"浏览计算机上的驱动程序文件"对话框后，单击"下一步"按钮即开始检查并安装驱动程序；完成后单击"关闭"按钮，弹出"系统设置改变"对话框，如图 5-55 所示；单击"是"按钮，则计算机立即重启。

图 5-54　指定显示卡驱动程序文件的位置　　　图 5-55　系统硬件设置改变提示框

（4）再次打开"设备管理器"窗口，注意观察"显示适配器"下的设备名称已变为 Intel HD Graphics 4400。

提示：通过"显示 属性"对话框也可进行显示卡驱动程序的安装，其方法如下：

① 右击 Windows 桌面空白处，执行快捷菜单中的"屏幕分辨率"命令，打开窗口；单击"高级设置"（如图 5-56 所示）打开相应对话框，在"适配器"选项卡中，单击"适配器类型"区域中的"属性"按钮，打开"标准 VGA 图形适配器 属性"对话框。

② 切换到"驱动程序"选项卡，单击"更新驱动程序"按钮，如图 5-57 所示；打开"您想如何搜索驱动程序软件"对话框后，接下来的操作与在"设备管理器"中的安装过程相同。

图 5-56　在窗口中单击"高级设置"按钮　　　图 5-57　在对话框中单击"更新驱动程序"按钮

3）安装声卡驱动程序

解包之后的声卡驱动程序同样可利用"设备管理器"进行安装，其操作步骤与安装显示卡驱动程序相同。此外，我们注意到该驱动程序解包之前是一个.exe 类型的文件，解包后的文件中也包括一个安装程序文件 Setup.exe，直接运行其中之一即可简单方便地完成相应驱动程序的安装。其具体过程如下：

（1）进入声卡驱动程序所在的文件夹（E:\Drivers\RTL HD Audio_2.73），双击运行其中的安装程序 Setup.exe，首先进入欢迎界面，单击"下一步"按钮即开始进行安装，如图 5-58 所示。

提示：若直接执行未解包的 32bit_Win7_Win8_Win81_R273.exe 文件，则会首先自解压全部内容到一个临时文件夹中，再自动运行其中的安装程序 Setup.exe。

（2）待安装结束之后，在对话框中保持选择"是，立即重新启动计算机"单选项，单击"完成"按钮，使计算机自动重启。

（3）再次进入"设备管理器"窗口，观察"声音、视频和游戏控制器"下的"High Definition Audio 设备"已变为 Realtek High Definition Audio。

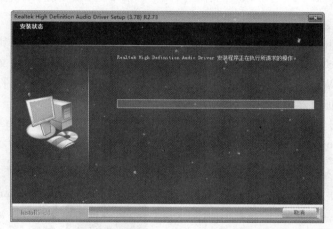

图 5-58　执行 Setup.exe 文件安装声卡驱动程序

4）安装网卡驱动程序

（1）安装有线网卡驱动程序。进入网卡驱动程序文件夹（E:\Drivers\RTL 8111F\Win7\32），由于其中并无安装程序文件 Setup.exe（如图 5-59 所示），因此只能通过 Windows 的"设备管理器"安装，操作步骤如下：

① 打开"设备管理器"窗口，右击"其他设备"下的"以太网控制器"，执行快捷菜单中的"更新驱动程序软件"命令，打开"您想如何搜索驱动程序软件"对话框；单击"浏览计算机以查找驱动程序软件"，进入"浏览计算机上的驱动程序文件"对话框；在文本框中输入网卡驱动程序文件夹的完整路径（E:\Drivers\RTL 8111F\Win7\32），或单击"浏览"按钮打开"浏览文件夹"对话框，准确选择网卡驱动程序所在的文件夹，再单击"确定"按钮，如图 5-60 所示。

② 返回"浏览计算机上的驱动程序文件"对话框后，单击"下一步"按钮即开始检查并安装驱动程序，完成后单击"关闭"按钮。

③ 回到"设备管理器"窗口，注意观察"其他设备"下的"以太网控制器"已消失，而

在"网络适配器"下出现 Realtek PCIe GBE Family controller。

图 5-59　RTL8111F 网卡的驱动程序文件

图 5-60　指定网卡驱动程序文件位置

（2）安装无线网卡驱动程序。

进入无线网卡驱动程序文件夹（E:\Drivers\TL-WN823N），可以发现其中也有安装程序文件 Setup.exe（如图 5-61 所示），而用于 32 位版本 Windows 7 的驱动程序文件则放置在子目录 RTWLANU_Driver\Win7X86 中。因此，该驱动程序既可执行 Setup.exe 文件安装，也能利用"设备管理器"安装，前一方法的操作过程如下：

① 进入无线网卡驱动程序所在文件夹，双击执行其中的 Setup.exe 文件，显示标题为 REALTEK USB Wireless LAN Driver and Utility 的安装界面，如图 5-62 所示。

图 5-61　TP-LINK TL-WN823N 无线网卡驱动程序

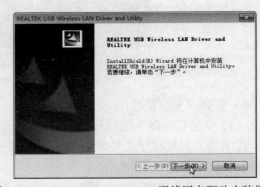

图 5-62　TP-LINK TL-WN823N 无线网卡驱动安装界面

② 单击"下一步"按钮，开始进行驱动程序安装；完成后在对话框中保持选择"是，立即重新启动计算机"单选项，再单击"完成"按钮，计算机将自动重启。

③ 再次打开"设备管理器"窗口，注意观察"其他设备"下的 USB WLAN 已被"网络适配器"下的 Realtek RTL8192CU Wireless LAN 802.11n USB 2.0 Network Adapter 所取代。

提示：一般情况下，若驱动程序是用安装程序完成安装的，则可使用控制面板的"卸载程序"功能卸载之；若其是通过"设备管理器"安装的，则只能在"设备管理器"窗口中进行卸载。

5）驱动程序的更新

利用驱动精灵等第三方工具软件进行驱动程序更新是最简单的方法，其具体操作请参考前述对应内容。这里以声卡驱动程序为例，详细介绍以手动方式实现其更新操作的过程。

（1）查看本机已安装的驱动程序版本。

打开"设备管理器"窗口，双击"声音、视频和游戏控制器"下的 Realtek High Definition Audio，在打开的对话框中切换到"驱动程序"选项卡，即可看到当前驱动程序的日期为 2013/11/5，版本为 6.0.1.7083，如图 5-63 所示。

（2）获取更新版本的驱动程序。可以从主板厂商、音频芯片厂商的官方网站或驱动之家等专业网站搜索、下载新版的声卡驱动程序。已知本机的音频芯片是 Realtek Semiconductor（瑞昱半导体）公司生产的 ALC892，现尝试访问驱动之家网站（www.mydrivers.com）获取新版的驱动程序：

① 进入驱动之家网站（www.mydrivers.com），通过分类查询依次找到"声卡"→"Realtek 瑞昱"→"Realtek 瑞昱 ALC861/ALC880/……/ALC666 HD Audio 音频芯片"，然后在驱动列表中发现有 2014 年 3 月 20 日发布的"Realtek 瑞昱 HD Audio 音频驱动 6.0.1.7195 版 For Win7-32/Win8-32/Win8.1-32"驱动程序，如图 5-64 所示。

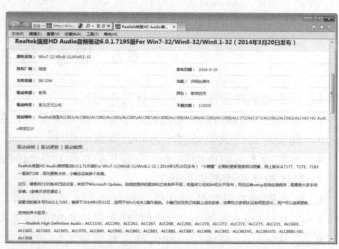

图 5-63　声卡驱动程序的原版本信息　图 5-64　在驱动之家网站找到的新版 Realtek HD Audio 音频驱动程序

② 下载该驱动程序得到压缩包 realtek_hd_audio_6_0_1_7195_32bit.zip，将其解压至 E:\Drivers\Realtek_7195_32bit。

（3）查看新下载的驱动程序版本。进入新版声卡驱动程序文件夹（E:\Drivers\Realtek_7195_32bit），用 Windows 记事本打开其中的安装信息文件（.inf），查找关键字 DriverVer，可快速定位到形如 DriverVer=03/11/2014, 6.0.1.7195 的语句行，其中"="后面的内容即为驱动程序的日期和版本，如图 5-65 所示。

（4）安装新版驱动程序。由于新版 Realtek HD Audio 驱动程序中没有提供安装程序 Setup.exe，因此只能在"设备管理器"窗口中进行更新操作，其步骤与前述驱动程序的安装过程相同。

（5）确认更新之后的驱动程序版本。完成声卡驱动程序的更新之后，在"设备管理器"

窗口中再次打开"Realtek High Definition Audio 属性"对话框，应发现驱动程序的日期和版本已升级为 2014/3/11、6.0.1.7195，如图 5-66 所示。

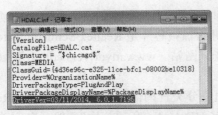

图 5-65　.inf 文件中的驱动程序版本信息

图 5-66　声卡驱动程序更新后的版本信息

6）驱动程序的备份

以手工操作方式进行驱动程序备份是有一定难度的，所以最好还是借助于工具软件来完成此项工作，其具体操作请参考前述对应内容。

5.5　思考与练习

1．什么是驱动程序？如何理解其作用？

2．在安装 Windows 系统之后，通常需要安装哪些设备驱动程序？其安装顺序是怎样的？

3．简要对比公版驱动程序与非公版驱动程序。

4．按照版本可将驱动程序分为哪几类？用户应如何选择驱动程序的版本？

5．简述驱动程序的获取途径。

6．驱动程序的安装信息文件是何种类型？有何作用？

7．在 Windows 系统中，如何查看本机已安装的设备驱动程序版本和文件信息？

8．在 Windows 环境中，如何确定必须安装驱动程序的设备及其型号？

9．驱动程序安装包有几种文件类型？简述驱动程序的常用安装方法。

10．驱动程序的管理主要包括哪些内容？简述驱动精灵等第三方工具软件的主要功能。

项目实训 6　局域网配置与 Internet 接入

6.1　实训目标

1. 了解局域网的概念及其类型；
2. 认识常见局域网设备与 Internet 接入设备；
3. 熟悉小型局域网的主流组建方案；
4. 学会局域网的组建、调试技术；
5. 掌握单机与局域网接入 Internet 的配置方法。

6.2　实训任务

1. 单机接入 Internet；
2. 小型局域网的组建与调试；
3. 局域网接入 Internet。

6.3　相关知识

1. 局域网基本知识

1）局域网的概念

局域网（Local Area Network，LAN）是在一个局部地理范围内（通常不超过 10 千米，如同一单位、同一建筑物、同一房间），将多台计算机和外部设备互连而成的计算机通信网。

局域网的作用主要是实现文件与打印机共享、电子邮件和传真通信服务等功能。其特点为范围有限，计算机与设备之间的连接是可知的，有较快的速度，较高的可靠性和安全性。

2）局域网的分类

根据局域网采用的连接设备与传输方式，可将其分为有线局域网和无线局域网两大类。

（1）有线局域网。有线局域网采用有线网卡连接，通过专用的网络线缆传输信息。实际使用最广泛的有线局域网被称为"以太网"（Ethernet），按其传输速率标准可分为 3 种：

① 标准以太网：传输速率为 11Mb/s

② 快速以太网：传输速率为 110Mb/s

③ 千兆以太网：传输速率为 1100Mb/s

目前主流的是快速以太网，其传输速率为 110Mb/s，即每秒钟可以传输 110M 个二进制位，相当于 12.5M 个字节。换言之，一个 110MB 的文件在快速以太网中的理论传输时间仅为 8 秒钟。

（2）无线局域网。无线局域网是 21 世纪初开始逐渐兴起的网络技术。它利用无线路由器、无线网卡等设备连接，通过高频电磁波传输信息。目前应用最广泛的无线局域网技术是

802.11，主要有以下几种标准：

① 802.11：传输速率为 2Mb/s。

② 802.11a：传输速率为 54Mb/s，与 802.11b 不兼容。

③ 802.11b：传输速率为 11Mb/s。

④ 802.11g：传输速率为 54Mb/s，向下兼容 802.11b。

⑤ 802.11n：传输速率为 300Mb/s。

目前的无线局域网连接设备和传输设备一般都能同时支持 802.11b/802.11g/802.11n 标准，相互之间具有很好的兼容性，这为组建无线局域网提供了良好的基础。无线局域网不需要部署线缆，因此比有线局域网更为灵活方便，特别适合于拥有笔记本电脑而又不方便布线的小型办公室和家庭组网。

2. 常见局域网设备

1）有线局域网设备

常见的有线局域网设备包括网卡、集线器、交换机、路由器和网络电缆等。

（1）网卡。网卡的专业名称为网络适配器（Network Adapter）或网络接口卡（Network Interface Card，NIC），其主要功能是处理计算机发送到网络上的数据，即按照特定的网络协议将数据分解成为适当大小的数据包，然后发送到网络上去。

网卡是局域网中必备的基本部件之一。它具有向网络发送数据、控制数据、接受并转换数据的功能，是计算机和网络之间的物理接口。配备质量、性能上佳的网卡能够保证网络的高速、稳定，是组建强大局域网的基础条件。

每块网卡都有一个全球唯一的 MAC（Medium/Media Access Control）地址（也叫物理地址），其长度为 48 位，一般由 6 位 00～0FFH 之间的十六进制数中间用"－"分隔表示，如"00－50－8D－BE－D6－AE"，由厂商在生产时写入网卡的 EPROM 中。

从不同的角度，可将网卡分为多种类型。

① 按存在形式，分为独立网卡（如图 6-1 所示）和集成网卡。

② 按总线接口，分为 PCMCIA 网卡、ISA 网卡、PCI 网卡、PCI-E 网卡和 USB 网卡等。

图 6-1　独立网卡

③ 按传输速率，分为 10Mb/s 网卡、10/100Mb/s 自适应网卡和千兆（1000Mb/s）网卡。

④ 按输出端口，分为 BNC 网卡和 RJ-45 网卡。

目前普通微机大多数使用集成网卡，它们通常支持 PCI-E 总线，采用 RJ-45 接口，速率为 100/1000Mb/s。

集成网卡就是把网卡的芯片整合到主板上面，而芯片的运算则交给 CPU 或主板的南桥芯片进行，其输出接口也放置在主板 I/O 接口中。集成网卡的优点是可降低成本，而且避免了外置网卡与其他设备的冲突，从而提高了稳定性与兼容性。目前集成于主板的网卡芯片主要有以下几种：

① Realtek RTL8111 系列：最为常用的 1000Mb/s 网络芯片，表现稳定，性价比高。

② Marvell Yukon 系列：常见的 1000Mb/s 网络芯片，性能不错。

③ Atheros AR813X/AR815X/AR816X 系列：主要用于笔记本电脑等移动平台，性能出众。

（2）集线器和交换机。

① 集线器：集线器（Hub）是作为网络中枢连接计算机等网络终端以形成星状结构的一种网络设备。它工作在物理层（最底层），没有相匹配的软件系统，是纯硬件设备。其主要功能是对接收到的信号进行再生整形放大，以扩大网络的传输距离，同时把所有节点集中在以它为中心的节点上。其外观如图 6-2 所示。

集线器采用共享带宽方式工作，连接在集线器上的任何一个设备发送数据时，其他所有设备必须等待。因此网络执行效率低，不能满足大型网络通信需求。

② 交换机：交换机（Switch）是一种用于电信号转发的网络设备，可以为接入交换机的任意两个网络节点提供独享的电信号通路。它工作在数据链路层（第二层），同样用于计算机等网络终端设备的连接。但交换机拥有软件系统，因此比集线器更加先进，它允许连接其上的设备并行通信，亦即连接在交换机上的网络设备能够独享全部带宽。其外观如图 6-3 所示。

图 6-2　集线器

图 6-3　交换机

交换机和集线器在外观上不易区分，缺乏经验的用户只能从设备标识和包装上分辨。其实，它们的端口指示灯也是明显不同的：前者每个端口有两个指示灯，而后者只有一个。

（3）路由器。路由器（Router）是一种连接多个网络或网段的网络设备，它能将不同网络或网段之间的数据信息进行"翻译"，使它们能够相互"读"懂对方的数据，从而构成一个更大的网络。

路由器工作在网络层（第三层），主要用来进行网络与网络的连接，因此没有太多的接口。它有自己的操作系统，并且需要人员调试，否则不能工作。路由器有三大主要功能：第一是网络互连功能，路由器支持各种局域网和广域网接口，主要用于互连局域网和广域网，实现不同网络之间的通信；第二是数据处理功能，包括分组过滤、分组转发、优先级、复用、加密、压缩和防火墙等功能；第三是网络管理功能，包括配置管理、性能管理、容错管理和流量控制等功能。路由器的外观如图 6-4 所示。

图 6-4　路由器

自 2000 年开始，随着家用计算机与商用计算机、ADSL 与 VDSL 等各种宽带接入方式的快速普及，为了实现多个用户共享一个宽带上网，就迫切需要一种支持多种宽带接入的设备，于是产生了宽带路由器。通过宽带路由器，整个局域网或多个用户可共用同一账号实现宽带接入。

（4）网络电缆及其接头。网络电缆俗称网线，它是有线局域网中必不可少的传输介质，用于实现网络节点之间的互联及数据传输。常用的网络电缆主要有 3 种：

①　双绞线：双绞线（Twisted Pair）是将多对互相绞合的线（常见为 4 对）包裹在同一个绝缘套管里组成的网络电缆线，其特点为价格便宜，传输速率高，但传输距离较短，因此广泛应用于局域网。

双绞线包括屏蔽双绞线（Shielded Twisted Pair，STP）与非屏蔽双绞线（Unshielded Twisted Pair，UTP）两种。STP 内有一层金属隔离膜，在数据传输时可减少电磁干扰，所以它的稳定性较高；而 UTP 内没有这层金属膜，所以稳定性较差，但它的优势是价格便宜，因此成为目前组建局域网的首选。UTP 的外观如图 6-5 所示。

双绞线还按线径的粗细分为若干类，目前主要使用五类线（CAT5）和超五类线（CAT5e），它们的最高传输速率分别可达 100Mb/s 和 1000Mb/s，可用于组建快速以太网和千兆以太网。

双绞线使用的接头是 RJ-45（俗称水晶头），它和电话线所用的 RJ-11 插头外观相似。只不过电话线是 2 对线，而双绞线则是 4 对 8 芯，故其接头上有 8 个引脚，但其中只有 1、2、3、6 这 4 芯起作用，分别用于传送数据和接收数据。RJ-45 接头的外观如图 6-6 所示。

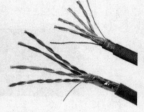

图 6-5　双绞线　　　　　　　　　　　　　　　图 6-6　RJ-45 接头

②　同轴电缆：同轴电缆（Coaxial）是有两个同心导体，而导体和屏蔽层又共用同一轴心的电缆。它由绝缘材料隔离的铜线导体组成，在里层绝缘材料的外部是另一层环形导体及其绝缘体，然后整个电缆由聚氯乙烯或特氟纶材料的护套包住。其特点是抗干扰能力好，传输数据稳定，价格也较便宜，因而也被广泛使用，如闭路电视线等。

目前，常用的同轴电缆有两类：50Ω 同轴电缆和 75Ω 同轴电缆。75Ω 同轴电缆亦称宽带同轴电缆，常用于 CATV 网络，其传输带宽可达 1GHz，目前常用 CATV 电缆的传输带宽为 750MHz；50Ω 同轴电缆又称基带同轴电缆，其传输带宽为 1MHz～20MHz，可用于总线型以太网。它包括细缆（直径 0.26 厘米）和粗缆（直径 1.27 厘米）两种，分别使用 BNC 接头和 AUI 接头，最大传输距离分别可达 185 米和 1000 米。

③　光缆：光缆（Optical Fiber Cable）是一定数量的光纤按照一定方式组成缆心，外包有护套，有的还包覆外护层，用以实现光信号传输的一种通信线路。简言之，光缆是由光纤（光传输载体）经过一定的工艺加工而形成的线缆。

光缆是目前最先进的网络电缆，其特点为抗电磁干扰性极好，保密性强，速度快，传输容量大，但是价格昂贵，一般用作长途通信网络的主干线。

2）无线局域网设备。常见的无线局域网设备包括无线网卡、无线访问点和无线天线等。

（1）无线网卡。无线网卡（Wireless Network Card，WLAN Card）是在无线局域网的覆盖区域中以无线方式连接无线网络的无线终端设备。

按照无线网卡的存在形式，可将其分为两大类：

①　独立无线网卡：一般在台式机上安装使用，按其总线接口主要分为如下几种：

PCMCIA 和 CardBus 无线网卡：适用于笔记本电脑，后者即是前者的 32 位版本，如图 6-7、图 6-8 所示。

图 6-7　PCMCIA 无线网卡

图 6-8　CardBus 无线网卡

PCI、PCI-E 和 Mini PCI 无线网卡：适用于台式机，如图 6-9、图 6-10、图 6-11 所示。

图 6-9　PCI 无线网卡

图 6-10　PCI-E 无线网卡

USB 无线网卡：可通用于台式机和笔记本电脑，如图 6-12 所示。

图 6-11　Mini PCI 无线网卡

图 6-12　USB 无线网卡

② 集成无线网卡：主要用于笔记本电脑。

（2）无线接入点。无线接入点（Access Point，AP）是移动计算机用户进入有线网络的接入点，主要用于宽带家庭、大楼内部以及园区内部，覆盖距离为几十米至上百米。它相当于无线网络中的无线交换机，是无线网络的核心。

无线接入点至少带有一个有线网络接口，通过该接口可将无线网络与有线网络连接到一起。目前主流的小型无线局域网通常采用无线宽带路由器作为无线接入点。

（3）天线。无线局域网依赖无线电波传输信息，天线（Antenna）可对无线电波进行增益，提高电波的强度，使无线局域网的覆盖范围更广。

天线可分为全向天线和定向天线，其长度、形状各异。

3. 常见 Internet 接入设备

Internet 接入设备是指将单机或局域网接入 Internet 的设备。对于小型局域网来说，Internet 接入设备主要包括调制解调器和宽带路由器。

1）调制解调器

调制解调器（Modem）是计算机通过电话线拨号上网的主要设备。其主要功能是进行数字信号和模拟信号的互相转换。

Modem 包括内置式和外置式两种，它们并无本质区别。内置式 Modem 采用 PCI 接口，其价格比外置 Modem 便宜。在安装时，只需将内置式 Modem 插入计算机主板的 PCI 扩展槽，再将电话线与其接口相连即可；外置式 Modem 则放置于机箱外，通过串行通信口与主机连接。

联机速率是衡量 Modem 性能的基本指标。Modem 的联机速率最高为 56Kb/s，而且这只是其理论标称值，实际下载传输率还不能达到该值。因此，该设备早已被淘汰。

2）ADSL Modem

ADSL（Asymmetric Digital Subscriber Line，非对称数字用户环路）是一种新的数据传输方式。它采用频分复用技术把普通的电话线分成了电话、上行和下行三个相对独立的信道，从而避免了相互之间的干扰。因其上行和下行带宽不对称，因此称为非对称数字用户环路。

以 ADSL 方式接入 Internet 时，用户需要使用一个 ADSL 终端（ADSL Modem）来连接电话线路。由于 ADSL 使用高频信号，所以还要在两端使用 ADSL 信号分离器将 ADSL 数据信号与低频语音信号分离，避免打电话的时候出现噪音干扰。图 6-13 是 ADSL Modem 的安装示意图。

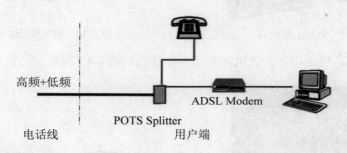

图 6-13   ADSL Modem 安装示意图

ADSL Modem 是为 ADSL 提供调制数据和解调数据的设备，最高支持下行 8Mb/s 和上行 1Mb/s 的速率，抗干扰能力强，适于普通家庭用户使用。ADSL Modem 有一个 RJ-11 电话线插孔和一个或多个 RJ-45 网线插孔，某些型号还带有路由功能或无线功能。

ADSL Modem 的接口方式主要有以太网、USB 和 PCI 这 3 种。目前主流是以太网接口的 ADSL Modem，因为它们大都具备桥接和路由功能，将其与办公室和家庭的局域网连接，可以使多台计算机共享 Internet 连接，这样就可以省掉一个路由器。ADSL Modem 与信号分离器的外观如图 6-14、图 6-15 所示。

图 6-14   ADSL Modem

图 6-15   信号分离器

3）Cable Modem

电缆调制解调器（Cable Modem，CM）是利用有线电视网络实现数据传输的设备。它串接在用户的有线电视电缆插座和上网设备之间，利用有线电视的电缆进行信号传送，能够支持下行 40Mb/s 和上行 10Mb/s 的速率。通常 Cable Modem 不但具有调制和解调功能，还集路由器、集线器、桥接器功能于一身。Cable Modem 的前、后端外观如图 6-16 所示。

图 6-16　Cable Modem

我国 CATV（有线电视）网络的覆盖范围广，入网户数多；网络频谱范围宽，起点高，大多数新建的 CATV 网络都采用光纤同轴混合（HFC）网络，采用 550MHz 以上频宽的邻频传输系统，非常适合提供宽带接入业务。因此，近年来我国广电部门已逐渐开始在 CATV 网络上使用 Cable Modem 技术，为用户提供 Internet 接入服务。

利用 Cable Modem 和 HFC 接入 Internet 在带宽上明显优于 ADSL，而且安装非常方便，使用极其简单，但是其稳定性、可靠性、供电以及运行维护体制方面还都存在一些问题。此外，由于其网络线路带宽是共享的，当用户数量达到一定规模后，将会导致每个用户能够分享到的带宽急剧下降。

4）宽带路由器

宽带路由器是支持多种宽带接入方式，可实现多个用户或局域网共享同一账号进行宽带连接的设备。它是伴随宽带的普及应运而生的一种网络产品，集成了 10/100Mb/s 宽带以太网 WAN 接口，并内置 4～6 口 10/100Mb/s 自适应交换机（若其 RJ-45 端口不够用，还可下连交换机进行扩充），以便多台计算机组成内部网络与 Internet 相连。

宽带路由器一般利用网络地址转换（NAT）功能实现多用户的共享接入，比传统的采用代理服务器（Proxy Server）方式具有更多的优点。NAT 提供了连接 Internet 的一种简单方式，并且通过隐藏内部网络地址的手段为用户提供了安全保护。内部网络用户（位于 NAT 服务器的内侧）连接 Internet 时，NAT 将用户的内部网络 IP 地址转换成一个外部公共 IP 地址（存储于 NAT 的地址池），当外部网络数据返回时，NAT 则将目标地址反向替换成初始内部网络地址以便内部网络用户接受。

除了必备的 NAT 功能外，通常宽带路由器还拥有 MAC 写入、DHCP 服务器、防火墙、VPN（虚拟专用网）、DMZ、DDNS（动态域名服务）、PPPoE 虚拟拨号等众多功能。

近年来又出现了无线宽带路由器，它增加了天线，具备 AP 功能。对于家庭和小型办公室，只要拥有一台无线宽带路由器，即可非常简单、方便地同时以有线和无线方式连接数量较多的计算机，构建出一种有线+无线局域网，并将其接入 Internet。无线宽带路由器的前、后端外观如图 6-17 所示。

图 6-17　无线宽带路由器

4. 主流小型局域网方案

需要说明的是，这里讨论的小型局域网主要针对家庭和办公室，即限于同一房间内的少量计算机。规模更大的局域网需用更多的设备，其方案设计和组建过程也较复杂，已超出了本课程学习的范围。

1）两台计算机直接连接组网

若只有两台计算机，则可用交叉双绞线（网线两端分别按 568A、568B 标准制作）将它们直接连接起来，即成为了一个最小规模的局域网。若这个局域网还需共享 Internet 连接，则至少应有一台计算机配置双网卡，其中一块网卡连接到 ADSL/Cable Modem 或上级网络，另一块网卡则与另一台计算机互连。其拓扑结构如图 6-18 所示。

图 6-18　双机直连局域网结构

2）用宽带路由器组建有线局域网

如果计算机不超过 4 台，则可将它们都连接到宽带路由器，构成一个星形拓扑结构的局域网。若该局域网需要连接到 Internet，则将宽带路由器连接到 ADSL/Cable Modem 或上级网络即可。其拓扑结构如图 6-19 所示。

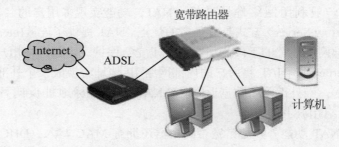

图 6-19　宽带路由器局域网结构

3）用无线宽带路由器组建有线+无线局域网

如果计算机总数较多，但其中只配置有线网卡的不超过 4 台，其余计算机都带有无线网卡（如笔记本电脑），则可使用无线宽带路由器组建一个有线+无线局域网。只需将配置有线网卡的计算机连接到无线宽带路由器的 LAN 口，带有无线网卡的计算机则通过 AP 连接。然后再将无线宽带路由器连接到 ADSL/Cable Modem 或上级网络，即可使整个局域网接入 Internet。其拓扑结构如图 6-20 所示。

4）用交换机组建局域网

如果只配置有线网卡的计算机超过 4 台，则需用端口更多的交换机来连接它们，再将交换机与 ADSL/Cable Modem 或上级网络相连即可接入 Internet。其拓扑结构如图 6-21 所示。

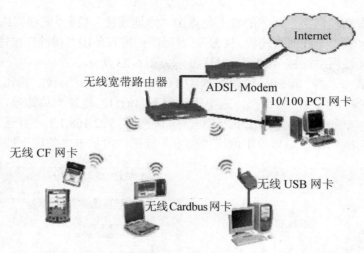

图 6-20　无线宽带路由器局域网（有线+无线网）结构

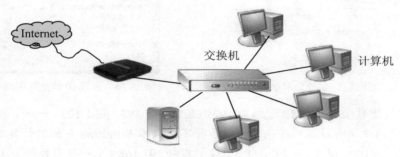

图 6-21　交换机局域网结构图

5. 配置 Windows 局域网

当局域网硬件安装、调试完毕，并在各计算机上正确安装了 Windows 系统和设备驱动程序之后，即可开始进行局域网配置，主要包括 IP 地址设置、网络状态测试和共享设置。其目的是使局域网中的计算机能够相互访问，实现文件和打印机等资源的共享。

1）IP 地址设置

（1）打开"控制面板"，单击"网络和 Internet"大类下的"查看网络状态和任务"，打开"网络和共享中心"窗口，如图 6-22 所示。

图 6-22　"网络和共享中心"窗口

（2）在"查看活动网络"区域的右下角点击"本地连接"（或"无线网络连接"），打开"本地连接 状态"（或"无线网络连接 状态"）对话框；接着单击"属性"按钮，打开"本地连接 属性"（或"无线网络连接 属性"）对话框，如图 6-23 所示。

（3）在项目列表中选择"Internet 协议版本 4（TCP/IPv4）"，单击"属性"按钮，打开"Internet 协议版本 4（TCP/IPv4）属性"对话框；选中"使用下面的 IP 地址"单选项，然后输入：IP 地址 192.168.1.101、子网掩码 255.255.255.0、默认网关 192.168.1.1、首选 DNS 服务器 192.168.1.1，如图 6-24 所示；最后单击两次"确定"按钮，再单击"关闭"按钮。

 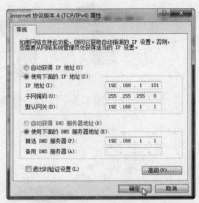

图 6-23 "本地连接 属性"对话框　　　图 6-24 设置 IP 地址等网络参数

（4）依次设置其余计算机 IP 地址为 192.168.1.102、192.168.1.103、……，其他参数相同。

提示：局域网中所有计算机（包括运行各种不同版本 Windows 系统的计算机）的 IP 地址应为同一网段，如 192.168.1.1 ~ 192.168.1.254（其中 192.168.1.1 一般用作网关）。

2）网络状态测试

网卡、交换机和路由器都有状态指示灯，当网络通信正常时指示灯会亮起，因此用目测方法就能大概确定故障位置。此外，也可利用一些网络命令来快速测试网络状态，缩小检测范围。

（1）打开命令提示符窗口。

方法一：打开"开始"菜单，依次执行"所有程序"→"附件"→"运行"命令，打开"运行"对话框；在"打开"框中输入 cmd，再单击"确定"按钮，如图 6-25 所示。

方法二：打开"开始"菜单，依次执行"所有程序"→"附件"→"命令提示符"，直接打开"命令提示符"窗口，如图 6-26 所示。

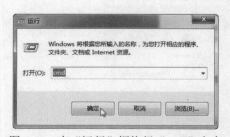 

图 6-25 在"运行"框执行"cmd"命令　　　图 6-26 "命令提示符"窗口

（2）查看本机网络参数配置。在命令提示符窗口输入命令"ipconfig /all"，再按 Enter 键，即可显示本机网络参数配置信息，包括网卡描述及其 MAC 地址、IP 地址、子网掩码、默认网关、DHCP 服务器和 DNS 服务器等，如图 6-27 所示。

图 6-27　本机网络参数配置信息

（3）测试网络是否通畅。

① 测试本机连接状态。在命令提示符窗口执行命令"ping 192.168.1.101"（"192.168.1.101"为"ipconfig /all"命令所得的本机 IP 地址），即可测试本机连接状态。若其结果如图 6-28 所示，则表明本机连接正常。

② 测试网络连接状态。在命令提示符窗口中执行"ping 192.168.1.102"（"192.168.1.102"为局域网中的另一主机名称），即可测试两机之间的连接状态。若其结果如图 6-29 所示，则表明网络连接正常。

图 6-28　本机连接状态测试结果

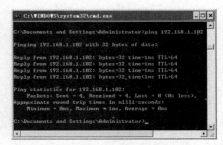

图 6-29　网络连接状态测试结果

提示： ping 命令的参数可为网络节点的名称、IP 地址或域名。对于以宽带路由器为中心组建的局域网，可用 ping 命令测试各客户机与路由器或客户机相互之间的连接状态，以此确定整个局域网是否通畅。

3）局域网共享设置

在 Windows 7 系统中设置网络共享非常简单方便，这主要得益于该系统的"网络发现"功能。

（1）右击桌面上"计算机"图标，执行快捷菜单中的"属性"命令，打开"系统"窗口；在"计算机名称、域和工作组设置"区域单击"更改设置"，打开"系统属性"对话框，如图

6-30 所示。

（2）单击"更改"按钮，打开"计算机名/域更改"对话框，输入计算机名和工作组名，使其与同一局域网中的其他计算机名不同，但工作组名相同，如图 6-31 所示。

图 6-30　"系统属性"对话框　　　　　图 6-31　输入计算机名和工作组名

提示：局域网中的各计算机（包括运行 Windows XP 和 Windows 7 等不同系统的计算机）必须设置为相同的工作组名和不同的计算机名，才能实现相互访问和资源共享。

（3）打开"网络和共享中心"，在"更改网络设置"区域中单击"选择家庭组和共享选项"，打开"家庭组"窗口，如图 6-32 所示。

（4）单击"更改高级共享设置"，打开相应窗口，在"家庭或工作（当前配置文件）"下依次选中"启用网络发现"、"启用文件和打印机共享"、"启用共享以便可以访问网络的用户可以读取和写入公用文件夹中的文件"、"关闭密码保护共享"和"允许 Windows 管理家庭组连接（推荐）"单选项，如图 6-33 所示。然后单击"保存修改"按钮。

图 6-32　"家庭组"设置窗口　　　　　图 6-33　网络共享属性设置

（5）回到"网络和共享中心"，在"查看活动网络"区域中单击"家庭网络"，打开"设置网络位置"对话框；单击中间的"工作网络"按钮，最后单击"关闭"按钮。

提示：若选择网络位置为"家庭网络"，则需要进行密码设置；选择"工作网络"则不用设置密码，可使共享访问更为方便。

如果需要在局域网内的不同计算机之间实现 Windows 7 与 Windows XP 系统的互访，则应在两个系统中都开启 Guest 账户。其操作方法如下（Windows XP 与 Windows 7 中相同）：

右击桌面上的"计算机"图标，执行快捷菜单中的"管理"命令，打开"计算机管理"窗口；在左边的控制台树中展开"本地用户和组"，单击其下的"用户"，则右边列出本机的所有用户，如图 6-34 所示。

双击用户名称 Guest，打开"Guest 属性"对话框；清除其中的"账户已禁用"，选取"密码永不过期"复选框，如图 6-35 所示。最后单击"确定"按钮。

图 6-34　在控制台树中单击"用户"

图 6-35　设置 Guest 用户的属性

4）局域网中计算机互访测试

（1）显示网络中的计算机。打开"控制面板"，单击"网络和 Internet"，打开相应窗口；单击"网络和共享中心"下的"查看网络计算机和设备"，开始进行网络搜索，随后即显示找到的计算机和设备，如图 6-36 所示。

（2）访问网络计算机中的共享资源。双击任意网络计算机名，即可浏览并使用该计算机中的共享资源，如图 6-37 所示。

6. 接入 Internet

无论是单位或个人，都需要向 ISP（Internet 服务提供商，如：中国电信、中国联通等）提出申请，并缴纳一定的费用，获得其提供的专用线路、IP 地址或账号、密码之后，才能将自己的计算机接入 Internet。单位通常会申请专线和静态 IP 地址，通过专线将覆盖整个单位的局域网接入 Internet；小型办公室和家庭一般只申请一个账号，利用 ADSL/Cable Modem 通过电话/有线电视线路将单机或小型局域网接入 Internet。

图 6-36　局域网中的计算机和设备

图 6-37　网络计算机中的共享资源

1）单机接入 Internet

某些办公室或家庭只有一台计算机，可以直接利用 ADSL/Cable Modem 通过电话/有线电视线路接入 Internet，在上网连接时使用从 ISP 申请到的账号和密码登录即可，其拓扑结构如图 6-38 所示。

图 6-38　单机接入 Internet 示意图

（1）通过 ADSL Modem 连接。ADSL 接入方式有两种：一种是专线接入，为用户计算机分配有静态 IP，开机进入系统就可以自动接入 Internet，无需拨号，并可一直在线；另一种是虚拟拨号，接入 Internet 时需要输入用户名与密码，但 ADSL 连接的并不是具体的接入号码（如 95963），而是虚拟专用网（Virtual Private Network，VPN）的 ADSL 接入的 IP 地址，以此完成授权、认证、分配 IP 地址和计费的一系列 PPP（Point-to-Point Protocol）接入过程。小型办公室和家庭用户一般使用的是虚拟拨号，它又分为 PPPoE 和 PPPoA 两种方式，实际应用中以 PPPoE 方式为主。在 Windows 系统中的配置与连接方法如下：

① 打开"网络和共享中心"，在"更改网络设置"区域中单击"设置新的连接或网络"，打开"设置连接或网络"对话框（如图 6-39 所示）；选择"连接到 Internet"，单击"下一步"按钮，进入"连接到 Internet"对话框的"您想如何连接"界面，如图 6-40 所示。

② 单击"宽带（PPPoE）"进入"键入您的 Internet 服务提供商（ISP）提供的信息"界面，输入 ISP 提供的用户名、密码和连接名称，并选取"记住此密码"和"允许其他人使用此连接"复选框，如图 6-41 所示；单击"连接"按钮，开始尝试连接到 Internet，如图 6-42 所示。若核对用户名和密码无误，即可连接成功。最后单击"关闭"按钮。

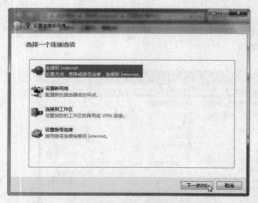

图 6-39　"设置连接或网络"对话框

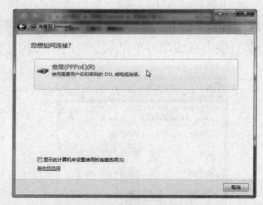

图 6-40　"您想如何连接"界面

③ 回到"网络和共享中心"，在导航窗格中单击"更改适配器设置"，打开"网络连接"窗口，将连接名称图标（如"电信宽带"）拖至桌面，为其创建一个桌面快捷方式。

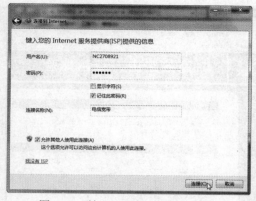

图 6-41 输入 ISP 提供的账户信息

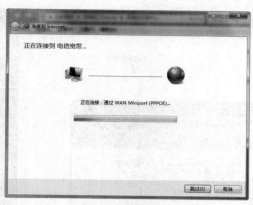

图 6-42 连接过程

（2）通过 Cable Modem 连接。

Cable Modem 接入是一种真正简单易用的宽带接入方式。它不用账号、密码，无需登录，只要开机进入 Windows 系统，即可自动接入 Internet；而且不按时间计费，可以一直在线。无论使用 Windows 7，还是更早的 Windows XP 系统，其配置、连接操作都极为简单：

① 将 Cable Modem 与有线电视插座接通，打开电源，即自动检测有线电视宽带网络的前端设备（CMTS），由前端设备自动为其分配 IP 地址和其他必须的网络设置参数。

② 将安装了 TCP/IP 协议的计算机通过网卡用双绞线连接到 Cable Modem，然后按图 6-23、6-24 的对应步骤打开"Internet 协议版本 4 （TCP/IPv4）属性"对话框，选中"自动获得 IP 地址"和"自动获得 DNS 服务器地址"单选项，再单击"确定"按钮。重启计算机即自动接入 Internet。

2）局域网接入 Internet

（1）通过宽带路由器共享 Internet 连接。目前很多小型办公室和家庭拥有 2 台以上的计算机，通常都采用宽带路由器（若计算机数量较多，可能还会在宽带路由器之间增加交换机）构建小型局域网，并将其与 ADSL/Cable Modem 相连以共享 Internet 连接。对于这种情况，依前述步骤完成局域网的配置之后，再按下述步骤对宽带路由器进行设置，各计算机即可自动获得由宽带路由器的 DHCP 服务器为其分配的 IP 地址，并通过宽带路由器共享 Internet 连接。

① 启动局域网中的任一计算机，按前述步骤打开"Internet 协议版本 4 （TCP/IPv4）属性"对话框（见图 6-23、6-24），选中"使用下面的 IP 地址"单选项，并输入 IP 地址 192.168.1.100（可为该网段的任意 IP 地址）、子网掩码 255.255.255.0、默认网关 192.168.1.1、首选 DNS 服务器 192.168.1.1。

② 打开 Internet Explorer，在地址栏输入 192.168.1.1 并按 Enter 键，打开"连接到 192.168.1.1"对话框，在"用户名"和"密码"框中输入 admin（如图 6-43 所示），单击"确定"按钮。

③ 进入宽带路由器设置页面，首先在左边的导航区单击"运行状态"，显示宽带路由器的当前运行状态，如图 6-44 所示。

提示：此处以 TP-LINK TL-R402M SOHO 宽带路由器为例，其他品牌、型号宽带路由器的默认 IP 地址、用户名和密码请查阅说明书。

图 6-43 宽带路由器登陆界面

图 6-44 宽带路由器的运行状态

④ 单击"网络参数"下的"LAN 口设置"进入相应页面，输入 IP 地址为 192.168.1.1、子网掩码为 255.255.255.0，如图 6-45 所示。

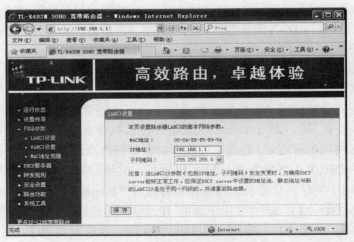

图 6-45 输入路由器的 LAN 口参数

⑤ 单击"网络参数"下的"WAN 口设置"进入相应页面，打开"WAN 口连接类型"下拉列表，其中列出了该宽带路由器能够支持的 Internet 接入方式，必须根据实际情况做出正确选择。通常宽带路由器支持如下三种连接类型：

第一种：动态 IP。

如果采用 Cable Modem 通过有线电视网络接入 Internet，则应选择该项。该连接方式的所有配置参数皆由有线电视宽带网络的前端设备（CMTS）自动分配，因此无需进行手工设置，如图 6-46 所示。

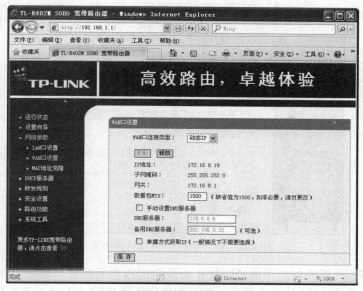

图 6-46 选择动态 IP 连接方式

第二种: PPPoE。

若采用 ADSL 虚拟拨号方式接入 Internet, 则应选择此项, 并输入 ISP 提供的用户名和密码, 选取 "自动连接, 在开机和断线后自动进行连接" 单选项, 再单击 "连接" 按钮, 如图 6-47 所示。

图 6-47 设置 PPPoE 方式连接参数

第三种: 静态 IP。

若采用 ADSL 静态 IP 方式接入 Internet, 则应选择该项, 并输入 ISP 提供的 IP 地址、子网掩码、网关和 DNS 服务器地址, 如图 6-48 所示。

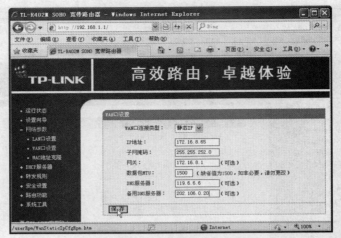

图 6-48　设置静态 IP 方式连接参数

⑥ 单击"DHCP 服务器"下的"DHCP 服务"进入相应页面，选中"DHCP 服务器"后的"启用"单选项，然后根据局域网中的计算机数量输入地址池开始地址和地址池结束地址（如 192.168.1.101、192.168.1.110），单击"保存"按钮，如图 6-49 所示。

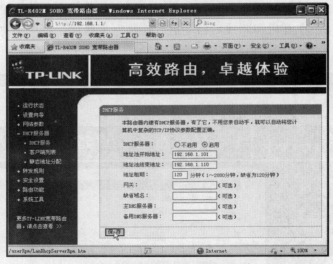

图 6-49　配置 DHCP 服务器参数

⑦ 单击"系统工具"页面下的"重启路由器"进入相应页面，单击"重启路由器"按钮，等待路由器重启完毕，关闭 Internet Explorer。

⑧ 进入局域网中的每台计算机，在"Internet 协议版本 4 （TCP/IPv4）属性"对话框中选取"自动获得 IP 地址"和"自动获得 DNS 服务器地址"单选项，完成后单击"确定"按钮，并关闭对话框。

（2）通过交换机连入上级网络共享 Internet 连接。单位网络一般都已通过专线整体接入 Internet，此时若其下属部门或办公室的若干台计算机用交换机组建了局域网，则只需将部门（或办公室）交换机连入上级交换机，将局域网加入单位网络，并按网管中心分配的 IP 地址、网关和 DNS 地址进行"Internet 协议版本 4（TCP/IPv4）属性"配置，即可使该局域网中的计算机享受到 Internet 服务。

6.4 实训指导

1. 准备工作

1）硬件准备

（1）计算机 20 台。要求：

① 所有计算机都配置网卡（可集成），其中 10 台以上配置无线网卡（可用笔记本电脑）。将所有计算机分成 5 组，每组 4 台，其中至少 2 台带有无线网卡。

② 所有计算机已安装 Windows 7 系统（或 Windows 7 与 Windows XP 双系统）与设备驱动程序，确保能进入系统正常工作。

（2）专用设施。

① 直通校园网的交换机端口 5 个以上。

② 电话线插孔 5 个以上，交流电源插座 20 个。分散布局，便于分成 5 组进行实训操作。

③ ADSL Modem 5 台，无线宽带路由器 5 台，8 口交换机 5 台。

④ 五类非屏蔽双绞线 50 米，RJ-45 接头 50 只，压线钳 5 把，网线测试仪 5 套。

2）其他条件

ADSL 接入账号与密码。

2. 操作过程

为便于组建小型局域网，本实训将学生也分为 5 组，各组独立完成下列实训任务。

1）网线 RJ-45 接头的制作

（1）按实际需要剪取适当长度的双绞线，将其插入压线钳的剥线刀口大约 2cm，转动两圈，剥掉双绞线的外套层。如果要使用护套，则接着将双绞线穿进护套。

（2）将裸露的 4 对电缆线按 568B 标准（如图 6-50 所示）分开、排齐，使其顺序为橙白、橙、绿白、蓝、蓝白、绿、棕白、棕；接着用压线钳的剪线刀口将其前端剪齐，使其长度约为 1.4cm。

（3）使 RJ-45 接头卡榫朝下，将已排序、剪齐的电缆线插入 RJ-45 接头中，如图 6-51 所示。

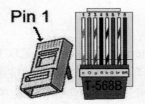

图 6-50　568B 标准线序

图 6-51　将电缆线插入 RJ-45 接头

（4）将插好电缆线的 RJ-45 接头小心放入压线钳的压头槽中，用力捏合，使金属片穿过电缆线的塑料皮，与铜芯接触牢靠，如图 6-52 所示。听到"喀"的响声后，松开压线钳，取出 RJ-45 接头，并套好护套，即完成制作。

（5）按上述步骤完成各条双绞线两端 RJ-45 接头的制作。

（6）将每条双绞线两端的 RJ-45 接头分别插入测线仪，打开测线仪的电源开关，若依次由灯号1~8呈规律性地闪烁（如图6-53所示），则表明该线传输正常；否则意味着传输不通畅，可能是RJ-45接头与双绞线接触不良或铜芯线断裂。如果这样，就必须重新压制RJ-45接头。

 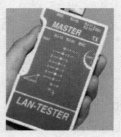

图6-52　压制RJ-45接头　　　　　图6-53　测试双绞线

2）用交换机组建小型局域网并通过校园网接入Internet

这是在学校实训室比较方便实现的一种方案：将各计算机连接到交换机组成一个小型局域网，并将交换机连接到直通校园网的上级交换机，按照校园网管理中心分配的IP地址参数进行网络配置，即可将该小型局域网接入Internet。其拓扑结构如图6-54所示。

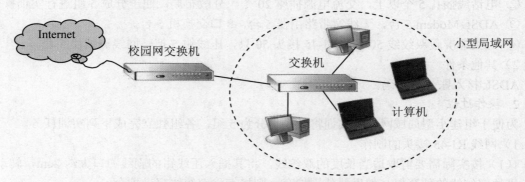

图6-54　用交换机组建小型局域网并通过校园网接入Internet

（1）硬件连接。

① 用制作好的双绞线将每台计算机连接到交换机。

② 用双绞线将交换机连接到直通校园网的上级交换机端口，并插接好交换机的电源。

（2）网络配置。

① 打开交换机和计算机的电源开关。

② 各计算机启动进入Windows系统之后，打开"Internet 协议版本 4 （TCP/IPv4）属性"对话框（见图6-23），选取"使用下面的 IP 地址"单选项，然后按照网管中心的指定输入各项配置参数，如：南充职业技术学院网管中心为计算机组装与维护实训室分配的IP地址段为172.16.168.1~172.16.168.253，子网掩码为 255.255.255.0，默认网关为 172.16.168.254，DNS服务器为202.98.96.68和61.139.2.69。完成参数配置之后即可用Internet Explorer浏览网页。

3）用无线宽带路由器组建小型局域网并通过 ADSL Modem 接入 Internet

这是目前小型办公室和家庭采用最多的一种方案：将各计算机连接到无线宽带路由器组成一个小型的有线+无线局域网，并将无线宽带路由器连接到ADSL/Cable Modem，使局域网中的计算机能够共享Internet连接（见图6-20）。

（1）硬件连接。

① 用制作好的双绞线将只配置有线网卡的计算机连接到无线宽带路由器的 LAN 端口。

② 用双绞线将无线宽带路由器的 WAN 端口与 ADSL Modem 的 LAN 端口相连，再将电话线的一端插入 ADSL Modem 的 Line 接口，另一端插入墙壁的电话线插口（RJ-11），并插接好无线宽带路由器与 ADSL Modem 的电源。

（2）网络配置。

① 打开 ADSL Modem、无线宽带路由器和计算机的电源开关。

② 计算机启动进入 Windows 系统后，在任一以有线方式连接到局域网的计算机中，按如下步骤配置无线宽带路由器：

打开"Internet 协议版本 4（TCP/IPv4）属性"对话框，选取"使用下面的 IP 地址"单选项，然后输入 IP 地址 192.168.1.100（可为该网段的任意 IP 地址）、子网掩码 255.255.255.0、默认网关 192.168.1.1、首选 DNS 服务器 192.168.1.1。然后单击"确定"按钮，关闭对话框。

打开 Internet Explorer，在地址栏输入 192.168.1.1 并按 Enter 键，打开"连接到 192.168.1.1"对话框；在"用户名"和"密码"文本框中输入"admin"（参见图 6-43），单击"确定"按钮，进入无线宽带路由器设置页面。

在导航区单击"运行状态"，观察无线宽带路由器的当前运行状态（参见图 6-44）。

单击"网络参数"下的"LAN 口设置"进入相应页面，设置 IP 地址为 192.168.1.1，子网掩码为 255.255.255.0（参见图 6-45）。

单击"网络参数"下的"WAN 口设置"进入相应页面，在"WAN 口连接类型"下拉列表中选择 PPPoE，然后输入 ISP 提供的用户名和密码，从"特殊拨号"下拉列表中选择"自动选择拨号模式"，并选取"第二连接"后的"禁用"和"自动连接，在开机和断线后自动进行连接"单选项，再单击"连接"按钮（参见图 6-47）。

单击"无线设置"下的"基本设置"，进入相应页面，在"SSID 号"后的文本框中输入无线网络名称，选择"信道"和"频段带宽"为"自动"，"模式"为 11bgn mixed，并选取"开启无线功能"和"开启 SSID 广播"复选框，如图 6-55 所示。

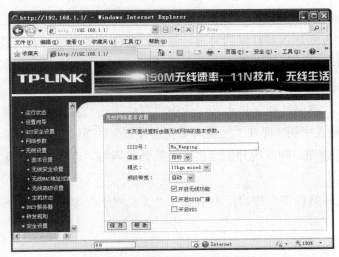

图 6-55　设置无线网络基本参数

单击"无线设置"下的"无线安全设置"进入相应页面，选取 WPA-PSK/WPA2-PSK 单选项，然后选择"认证类型"和"加密算法"，并按要求输入 PSK 密码，如图 6-56 所示。

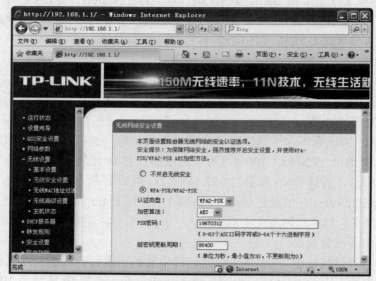

图 6-56　设置无线网络安全参数

单击"DHCP 服务器"下的"DHCP 服务"，进入相应页面，选中"DHCP 服务器"后的"启用"单选项，然后输入地址池开始地址和地址池结束地址（如 192.168.1.101、192.168.1.105），单击"保存"按钮（参见图 6-49）。

单击"系统工具"下的"重启路由器"，在相应页面中单击"重启路由器"按钮，等待路由器重启完毕，关闭 Internet Explorer。

③ 进入以有线方式连入局域网的每台计算机，在"Internet 协议版本 4 （TCP/IPv4）属性"对话框中选取"自动获得 IP 地址"和"自动获得 DNS 服务器地址"单选项，完成后单击"确定"按钮，并关闭对话框。

④ 进入以无线方式连入局域网的每台计算机，在任务栏右边的系统通知区中单击无线网络连接状态图标 ，打开"无线网络连接"对话框，应能在列表中发现本地无线网络（其名称即为在"无线网络基本设置"页面输入的 SSID 号），如图 6-57 所示。

⑤ 双击本地无线网络（或先单击之，选中"自动连接"复选框，再单击"连接"按钮），在弹出的对话框中输入密钥（即在"无线网络安全设置"页面输入的"PSK 密码"），如图 6-58 所示；单击"确定"按钮，则系统开始连接所选的无线网络，连接成功后无线网络连接状态图标变为 。

⑥ 出现"设置网络位置"窗口，单击选择"工作网络"即可，如图 6-59 所示。

图 6-57　选择欲连接的无线网络

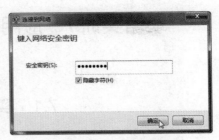

图 6-58　输入无线网络密钥

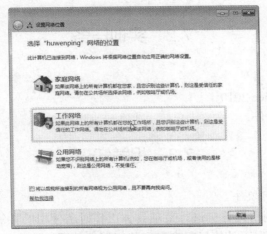

图 6-59　设置网络位置

6.5　思考与练习

1．简述局域网的概念与局域网的主要作用。
2．目前常用的局域网设备有哪些？
3．当前主要的 Internet 接入设备有哪些？
4．现阶段适用于小型办公室和家庭的局域网构建方案有哪几种？
5．在 Windows 系统环境中，局域网配置主要包括哪几项工作？
6．试比较 ADSL 与 Cable 这两种 Internet 接入方式的优劣。
7．画出用无线宽带路由器组建局域网并接入 Internet 的拓扑结构。
8．试述配置无线宽带路由器的主要步骤。

项目实训 7　应用软件的安装与卸载

7.1　实训目标

1.了解常用应用软件的分类及作用；
2.掌握常用应用软件的安装与卸载基本技能。

7.2　实训任务

1.安装 WinRAR；
2.安装 Microsoft Office 2010；
3.卸载安装的上述软件。

7.3　相关知识

1. 为什么要安装应用软件

应用软件就是用户利用计算机进行某项具体工作时所使用的计算机程序。因为操作系统不带有应用软件，一般情况下计算机只有在安装应用软件后，通过运行应用软件，才能完成各种各样的具体工作任务。安装应用软件就是将应用程序组件释放到指定文件夹下，将软件信息写入系统注册表，复制动态库文件，创建系统菜单或桌面快捷方式等。通常，成熟的大型应用软件都是以软件包的形式提供给用户的，用户正是通过使用应用软件，来享受计算机带来的便捷和高效，计算机通过执行应用软件程序完成用户的操作。

2. 常用应用软件的分类

计算机软件非常丰富，因此，其分类方法也不一样，常见的分类有：

1）按版权类型分

①Shareware（共享软件）。共享软件是以"先使用后付费"的方式销售的享有版权的软件。根据共享软件作者的授权，用户可以免费下载和传播，但共享软件不是永久免费的，在购买或注册前，有的软件可能在一些主要功能上受到限制，有的软件在试用一定的时间后，必须注册或者购买才能继续使用。

②Freeware（免费软件）。可以从各种渠道得到免费软件，同时可以免费使用和传播。用户无需注册就可以使用其所有功能。

③Demos（演示软件）。演示软件一般是商业发行的软件，是为了让用户先了解软件的功能而发布的一个版本，主要介绍软件的功能和特性，演示软件无法使用，只有购买正式版才能使用。

2）按是否需要安装分

以是否需要安装方式来分，可以分为需要安装和不需安装的软件，不需要安装的软件可能是一个压缩包，只需解压就能使用，故可称为"绿色"软件。绿色软件也可分为狭义的绿色和广义的绿色。狭义的"绿色"可叫做纯绿色软件，就是指这个软件对现有的操作系统部分没有任何改变，除了软件现在安装的目录，不往任何地方写东西，删除的时候，直接删除所在的目录就可以了。广义的"绿色"就是指不需要专门的安装程序，对系统的改变比较少，手工也可以方便地完成这些改变，比如复制几个动态库，或者导入注册表，这里的关键是手工可以方便地完成这些改变，或者可以借助于批处理等脚本完成。

3）按软件的功能分

根据功能的不同，可以把常用软件分成各种不同类型。目前应用软件常分为：办公类，如 Microsoft Office 系列、WPS Office 系列；工程设计类，如 CAD、CAM 等；管理类，如 MIS、ERP 等；图形图像处理软件，如 Photoshop、3DS Max 等；工具类，如杀毒软件、下载软件、压缩软件、实时通信软件、媒体播放软件等；游戏类，如征途、魔兽等。

3. 应用软件的常用安装方法

现在大多数软件都带有自动安装程序，只要将应用软件光盘放入光驱中，系统就会引导用户运行安装程序，在安装向导的引导下将应用程序安装到微机中。对不具有自动安装功能的程序，可以手动运行安装程序，一般情况下，安装文件放在安装盘的根目录下，安装文件名称为 Install.exe 或 Setup.exe。具体讲可采用下列方法：

（1）将应用软件光盘放入光驱中，双击应用软件安装程序（通常系统会自动运行安装程序），启动程序安装向导，在安装向导的提示下一步一步的操作，正确输入个人信息、安装序列号（一般在安装盘的根目录下的 SN.txt、ID.txt 文件中，或查看 Readme 说明文档），即可完成安装工作。

（2）从网络上下载的应用软件，大多数是压缩文件，需在计算机中装有解压缩软件，如WinRAR、WinZip 等。先解开压缩包，然后再运行解压后的安装程序 Install.exe 或 Setup.exe执行安装。对于自解压文件，可双击自解压，完成安装工作。

4. 应用软件的常用卸载方法

卸载软件就是将软件从计算机中删除而不留下任何信息。采用的方法是运行软件自带的卸载应用程序，将软件完全从计算机中删除。如果应用软件不包含卸载应用程序，还可以通过"控制面板"中的"程序和功能"工具进行卸载。打开"控制面板"中的"程序和功能"窗口，在"程序和功能"列表中选择要删除的应用程序，如图 7-1 所示。单击"卸载"按钮，并处理所有对话框的警告后，单击"确定"按钮，即可删除选定的软件。另外"QQ 电脑管家\软件管理\软件卸载"，"360 安全卫士\软件管理\软件卸载"都可以对安装的应用软件进行卸载。

图 7-1 "程序和功能"窗口

5．添加新功能

Windows 7 系统中包含了大量的应用程序功能，使用默认安装（典型安装）方法，许多功能没有被安装。但可以根据需要随时添加。这种做法同样适用于其他大型应用软件，如 Microsoft Office 2010。

在 Windows 7 中添加新功能的方法是：在图 7-1 中单击"打开或关闭 Windows 功能"链接，弹出"Windows 功能"对话框，如图 7-2 所示。在"打开或关闭 Windows 功能"列表框中选择要添加的功能，单击"确定"按钮，弹出如图 7-3 所示的对话框，安装完成后该对话框自动关闭，即将所需的功能添加到系统中。

图 7-2　添加 Windows 组件

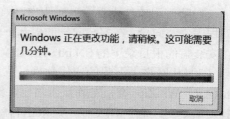

图 7-3　"Windows 正在更改功能"对话框

7.4　实训指导

1．准备工作

1）硬件准备

安装成功 Windows 操作系统的计算机若干台。

2）软件准备

WinRAR 4.2 中文版（免费），Microsoft Office 2010 Professional Plus 安装盘。

2．操作过程

1）安装 WinRAR

WinRAR 是一款功能强大的压缩包管理器，由于使用广泛，也称装机必备软件。下面介绍 WinRAR 4.2 中文版的安装方法。

①从网上把 WinRAR 4.2 中文版下载到本地计算机中。

②双击 WinRAR.exe 程序，打开安装对话框，可以单击"浏览"按钮来指定安装的路径，但一般使用其默认路径，如图 7-4 所示。

③单击"安装"按钮，安装程序开始运行解压缩文件，解压缩文件完成后，出现 WinRAR
文件关联和界面设置的对话框。在"WinRAR 关联文件"选项组中，可以选择相应的关联文件，
默认是全部选中；而在"界面"选项组中，选择创建桌面快捷方式和程序组等，如图 7-5 所示。

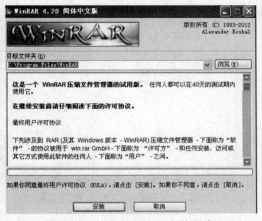

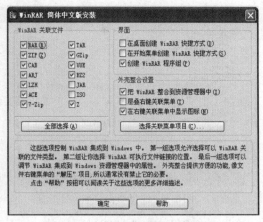

图 7-4 启动 WinRAR 安装程序   图 7-5 选择关联文件和界面设置

安装了 WinRAR 压缩程序后，当要解压缩文件时，可以右击要进行解压缩的文件，在快
捷菜单中选择"解压到×××"或相应的命令即可。而当要压缩文件时，可以指向要进行压缩的
文件或文件夹，右击，在快捷菜单中选择"添加到×××"或相应的命令即可。

2）安装 Microsoft Office 2010

①将 Microsoft Office 2010 安装盘放入 CD-ROM/DVD-ROM 光驱中。

②光盘自动运行（或双击光盘符号，打开光盘驱动器窗口，双击执行 Setup.exe 程序）。

③在弹出的"微软软件许可条款"中勾选"我接受此协议的条款"，单击"继续"按钮，
如图 7-6 所示。

④在弹出的"选择所需的安装"对话框中单击"自定义"按钮，如图 7-7 所示。（若单击
"立即安装"，则将 Office 组件安装在默认位置。）

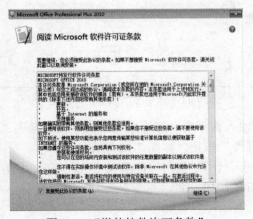

图 7-6 "微软软件许可条款"   图 7-7 "选择所需的安装"对话框

⑤在弹出的安装对话框中，在"自定义 Office 程序的运行方式"列表框中，根据用户的

需要选择安装哪些组件及是否全部安装。此时选择全部安装，如图 7-8 所示。

⑥单击"文件位置"选项卡，如图 7-9 所示，选择 Office 2010 的安装位置。

图 7-8　选择全部安装　　　　　　　　　图 7-9　Office 2010 的安装位置

⑦单击"立即安装"按钮进行安装，这个过程可能需要几分钟的时间，直到出现如图 7-10 所示界面。选择"继续联机"可以进行产品升级更新，单击"关闭"按钮完成初步安装。

⑧此时要启动一组件激活 Office 2010，以 Word 2010 为例。在"开始"菜单中启动 Word 2010 程序，在"文件"选项卡中单击"帮助"命令，在弹出的窗口中单击"更改产品密钥"链接，如图 7-11 所示。

图 7-10　完成初步安装　　　　　　　　　图 7-11　"更改产品密钥"链接

⑨ 在弹出的"输入您的产品密钥"对话框中输入购买产品时给定的密钥，同时勾选"尝试联机自动激活我的产品"复选框，然后单击"继续"按钮，如图 7-12 所示。

⑩ 经过联机进行验证并对计算机进行配置后重启计算机。打开 Word 2010，在如图 7-13 所示界面中已看到"激活的产品"字样，表明 Office 2010 已经全部安装完毕并激活。

3）卸载安装的上述软件

（1）利用"控制面板"中的"程序和功能"卸载 WinRAR。

①单击"开始"菜单中的"控制面板"命令，打开"控制面板"窗口。

图 7-12 "输入您的产品密钥"对话框   图 7-13 "激活的产品"

②双击"程序和功能"图标,打开"卸载和更改程序"窗口。

③从当前安装的程序列表框中选择 WinRAR,如图 7-14 所示。

④单击"卸载"按钮,按照卸载向导提示,完成删除。

(2)利用 Office 2010 安装盘卸载 Office 2010。

①将 Office 2010 安装盘放入 CD-ROM/DVD-ROM 光驱中,让光盘自动运行(或双击光盘符号,打开光盘驱动器窗口,双击执行 Setup.exe)。

②安装向导发现计算机安装有 Office 2010,出现"更改 Office 2010 的安装"对话框,如图 7-15 所示。

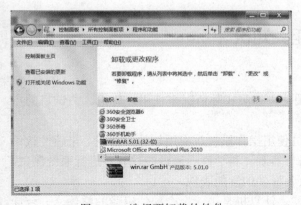

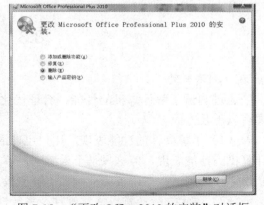

图 7-14 选择要卸载的软件   图 7-15 "更改 Office 2010 的安装"对话框

③选中"删除"单选按钮,单击"继续"按钮,按照向导提示,完成删除。

7.5 思考与练习

1. 应用程序有什么作用?在你的学习和生活中需要用到哪些应用程序?

2. 利用 Office 2010 安装盘,对 Office 2010 进行修复。

3. 从网络上下载"360 安全卫士"共享软件进行安装。

4. 应用软件安装方法有哪些?

5. 卸载软件有哪些方法?怎样才能干净卸载?

项目实训 8　微型计算机性能测试

8.1　实训目标

1. 了解微机硬件性能测试的基础知识;
2. 了解微机硬件系统综合性能;
3. 掌握常用测试软件使用方法;
4. 学习和理解计算机硬件知识。

8.2　实训任务

1. CPU、内存和主板测试;
2. 硬盘测试;
3. 显示测试;
4. 综合性能测试。

8.3　相关知识

1. 测试目的

通过测试了解计算机的性能，合理优化硬件，按照实际情况来使用计算机。测试目的主要有以下几方面。

（1）了解硬件的性能表现。用户可以通过使用操作系统、应用软件、游戏等来感性认识计算机的性能表现，但这只是个人感觉，不具有客观、科学性。通过测试软件进行系统测试，获得详细的测试数据，可更准确地了解整机及各配件的性能表现。

（2）确定系统瓶颈，优化硬件及系统性能。计算机是由一个个配件组成的整体，一台计算机的整体性能表现不是靠某一个配件支撑起来的，必须要考虑性能的整体均衡性。通过测试，将系统各部分的性能用数据展现出来，找到该计算机的系统瓶颈，结合需要进行优化，配置出性能更高，使用更加合理的计算机。

2. 测试应当注意的问题

为保证测试正常进行，一般要注意以下问题。

（1）搭建硬件测试平台。普通用户测试的对象是自己的计算机，只要待测计算机能够正常使用，这个硬件平台就建好了。对个人用户而言，可以通过对计算机硬件的不同设置来测试外界因素对计算机性能的影响。

（2）搭建软件测试平台。正规的测试对系统的版本有严格要求，基本要求是使用英文版Windows，但这一点对个人用户没有必要。使用 Windows 7 并保持更新。

（3）使用相应的测试软件。测试是通过运行测试软件进行的，目前测试软件都能从网上下载，且大部分是共享软件，普通用户可免费使用这些测试软件。

（4）安装好驱动及补丁。除了最基本的操作系统与测试软件，还要安装主板芯片组驱动，另外，有些测试软件还需要相应版本的 DirectX，因此在安装这类测试软件之前首先要安装好相关的驱动程序。

（5）让硬件电气性能稳定后才开始测试。对于大部分电器而言，刚开机那段时间由于各种因素的影响，其性能并不能达到稳定状态，建议将计算机开机半小时后再开始测试。此外，最好将 BIOS 设置中的优化设置还原成默认值。

（6）其他注意事项。为了给测试软件一个干净的环境，在测试前一定要将所有的系统自启动程序关闭，如播放探测器，各种实时防病毒软件等。此外，测试前整理磁盘是必不可少的工作，否则当测试硬盘性能时，其成绩将不佳，甚至还有可能导致测试失败。

3．常用测试软件介绍

1）查看硬件信息的工具

下面列出一些常见的查看硬件信息的工具，可根据需要选择，也可以选用多种软件分开进行检测。

（1）CPU-Z：查看信息包括 CPU 名称和厂商、核心数、缓存大小，CPU 的频率及倍频，主板和内存等。该软件大小为 1MB 左右，为免费软件。

（2）WCPUID：检测 CPU 的 ID 信息、内/外部频率、倍频数和是否支持各种指令集等信息。此软件大小为 300KB 左右，为免费软件。

（3）Hwinfo：检测处理器、主板及芯片组、PCMCIA 接口、BIOS 版本、内存等信息。另外还提供对处理器、内存、硬盘以及 CD-ROM 的性能测试功能。

2）查看 CPU 和测试 CPU 性能的常用工具

下面列出一些查看 CPU 和测试 CPU 性能的常用工具。

（1）Intel Processor Frequency ID Utility（英特尔处理器频率标识实用程序）：是 Intel 开发的专用于辨别 Intel CPU 的工具。它使用频率确定算法来确定处理器的内部速率，然后检查处理器中的内部数据，并将此数据与检测到的频率进行比较，再将比较结果告诉用户，如果 CPU 频率与出厂频率不符，就会以红色标示。此软件大小为 1000KB 左右，为免费软件。

（2）Super π：一款圆周率计算程序，用它可以测试 CPU 的稳定性。Super π可以作为判断 CPU 稳定性的依据。它要求 CPU 有很强的浮点运算能力，同时对于系统内存也有较高的要求。软件大小为 120KB 左右，为免费软件。

（3）CPUmark99：一款测试 CPU 的整数运算能力的软件，它的测试成绩反映了处理器、高速缓存、内存之间的通道子系统运行 32/64 位代码的处理能力，可以通过它的得分衡量主板是否具有较好的发挥处理器的能力，再给 CPU 打分，分数越高，表示 CPU 速度越快。

（4）Hot CPU Tester：一款系统稳定度的测试工具，找出超频或是有缺点的 CPU，对于超频者来说，可以测试超频后的系统是否稳定。

3）测试显卡性能的常用工具

下面列出一些测试显卡性能的常用工具。

（1）GPU-Z：一款显卡测试绿色软件。运行后即可显示 GPU 核心，以及运行频率、带宽、DirectX 支持版本等信息。

（2）Furmark：一款显卡测试软件，用于开放图形接口的基准测试。它通过使用 OpenGL 这个功能强大、调用方便的底层图形库，即用皮毛渲染算法来衡量显卡的性能和稳定性。特别是在对显卡进行极限性能对比时，常常会用到极端折磨模式，直观地了解显卡在极限运行中的稳定性，从而被人们当作拷机软件使用。

（3）3Dmark：3Dmark 是 Futuremark 公司的一款专为测量显卡性能的软件，最具权威的显卡性能评测工具。现已发行了 3Dmark 99、3Dmark 2001、3Dmark 2003、3Dmark 2005、3Dmark 2006、3Dmark vantage、3Dmark 11 和 The new 3DMark。而现在的 3Dmark 不仅仅是一款衡量显卡性能的软件，已渐渐转变成了一款衡量整机性能的软件。3Dmark 汉化中文版，在测试中总是体现最新的图形技术，测试项目除了常规的游戏测试，还包括像素填充率、顶点处理测试等。测试流程简单，用分数表示结果，具有权威的公正性。

4）其他硬件性能测试工具

MemTest 内存测试软件：MemTest 软件可以检测内存是否有错误，并提醒用户。

Nokia Monitor Test：利用该软件可以测试显示器参数和调整显示器屏幕属性。

HD Tune：一款小巧易用的硬盘测试软件，其主要功能有硬盘传输速率检测、健康状态检测、温度检测及磁盘表面扫描等。

CrystalDiskInfo：一款小巧的硬盘测试软件，它通过读取 S.M.A.R.T 即"自我监测、分析及报告技术"了解硬盘健康状况。

Nero CD-DVD Speed：一款光驱测试软件，它能检测出光驱是 clv、cav 还是 p-cav 格式，并能测出光驱的真实速度、随机寻道时间、CPU 占用率和速度等。

KeyboardTest：台式计算机键盘一般不需要进行测试，此软件主要用于笔记本计算机键盘的测试，帮助快速了解笔记本键盘有无损坏。

5）综合性能测试工具

SiSoftware Sandra：该软件是一套系统分析评比工具，拥有超过 30 种以上的测试项目，主要包括处理器、硬盘、光驱/DVD、内存、主板、打印机等。此外，它还可将分析结果报告列表存盘。该软件除了提供详细的硬件信息外，还可以做产品的性能对比，提供性能改进建议等。

PCMark：该软件是测量个人计算机性能的优质工具，它可以测试 CPU、硬盘、内存等性能。通过 PCMark 对系统整体性能检测，特别是检测结束后给出综合评价总分及为 CPU、硬盘、内存等主要的硬件设备打的一个个小分，方便分析系统瓶颈，准确评价用户的计算机。

AIDA64：一款综合测试软硬件系统信息的工具，它可以详细地显示计算机的每一方面的信息。AIDA64 不仅提供了诸如协助超频、硬件侦错、压力测试和传感器监测等多种功能，而且还可以对处理器、系统内存和磁盘驱动器的性能进行全面评估。

4．计算机硬件知识

1）CPU

（1）CPU 主频、外频和倍频。主频是 CPU 内核运行的时钟频率，即 CPU 的工作频率。主频的高低直接影响 CPU 的运算速度，因为 CPU 是在时钟控制下工作的，一般来说，时钟频率越高，意味着工作速度越快。主频大小与 CPU 的外频和倍频有关，其计算公式为：主频＝外频×倍频。

外频是 CPU 乃至整个计算机系统的基准频率，通常为系统总线的工作频率（系统时钟频率），直接影响计算机硬件系统的工作速度。由于 CPU 工作频率远高于外频，采用倍频技术，使其他设备工作在一个较低外频上，而 CPU 主频为外频的倍数，使其运行在较高速度上。一般外频和倍频数由主板锁定，不能更改（个别主板可通过跳线或 BIOS 设置更改）。

（2）CPU 核心类型。为了便于对 CPU 设计、生产、销售的管理，CPU 制造商会对各种 CPU 核心给出相应的代号名称，如 Intel 的 Haswell，也被称为 CPU 核心类型。核心是 CPU 最重要的组成部分，CPU 中心那块隆起的芯片就是核心，它由单晶硅以一定的生产工艺制造出来的，CPU 所有的计算、接受/存储命令、处理数据都由核心执行。各种 CPU 核心都具有固定的逻辑结构，各级缓冲存储器、执行单元、总线接口等都有科学的布局。每一种核心类型都有其相应的制造工艺、核心面积、核心电压、晶体管数量、各级缓存的大小、主频范围、接口类型等，因此，核心类型在某种程度上决定了 CPU 的工作性能。

（3）CPU 的制造工艺。CPU 的制造工艺是指 CPU 核心中线路的宽度，即电路与电路之间的距离。线宽越小，精度越高，在同样的材料中可以制造更多的电子元件，提高了 CPU 的集成度，使 CPU 的功耗和发热量降低。目前的 Core 2 Duo 采用的是 30nm 和 22nm 的制造工艺。

（4）CPU 的缓存。缓存分为一级缓存（L1）、二级缓存（L2）和三级缓存（L3）等。因为 CPU 的工作频率比内存工作频率高得多，CPU 总处于等待状态，所以在 CPU 与内存之间增加一种容量较小但速度很高的存储器，可以大幅度提高系统的速度。缓存级数和容量越大，对整体性能提升效果越好。

（5）CPU 的指令集。CPU 依靠执行指令来计算和控制系统，CPU 在设计时就规定了一系列与其硬件电路相配合的指令系统（软件），指令集就是一套指令的集合。Intel 和 AMD 将常用的指令集成在 CPU 的内部，用来增强 CPU 的运算能力。从具体运用看，CPU 的扩展指令集有 Intel 的 MMX（Multi Media Extended）、SSE、SSE2（Streaming-Single instruction multiple data-Extensions 2）、SSE3、SSE4 和 AMD 的 3DNow!、3DNOW!-2，它们增强了 CPU 的多媒体、图形图像和 Internet 等的处理能力。

（6）超线程技术。超线程技术（Hyperthreading Technology，HT）就是通过采用特殊的硬件指令，把两个逻辑内核模拟成两个物理芯片，在单处理器中实现线程级的并行计算，同时在相应的软硬件的支持下大幅度提高运行效能，从而实现在单处理器上模拟双处理器的效果。

（7）多核处理器。多核处理器就是在一枚处理器中集成两个或多个完整的计算引擎（内核）。即在一个处理器上集成两个或多个运算核心，从而提高整体计算能力。多核处理器的出现克服了单核处理器在不断提升主频中受到致命功耗增大的困扰，多核处理器避免了频繁切换运行程序，大大提高了在单核故障时系统的安全性。

（8）64 位 CPU。64 位指的是 CPU 通用寄存器的数据宽度为 64 位，CPU 一次可运行 64 位指令和数据。64 位处理器的计算能力并不指其性能是 32 位处理器性能的两倍。64 位处理器主要有两大优点：一是可以进行更大范围的整数运算；二是可以支持更大的内存。此外，要实现真正意义上的 64 位计算，光有 64 位的处理器是不行的，还必须有 64 位的操作系统以及 64 位的应用软件。

（9）CPU 插座。CPU 插座是主板上最醒目的部件，该插座与 CPU 针脚对应。CPU 插座主要分为 Intel 和 AMD 两大类，目前市场的主流 CPU 多采用 Socket 插针或触脚式接口。从首次采用 Socket 接口的 80486 到现在 Core i7 的 CPU，Socket 接口已经存在了将近 20 年，这中间也出现过其他插针形式的插座，但最终还是走回 Socket 插针形式。

2）内存

目前计算机使用的内存主要有：DDR、DDR2、DDR3 几种。DDR 是在较早前的 SDRAM（同步动态随机存取存储器）内存基础上发展起来的，由于它采用在时钟的上升和下降延同时进行数据传输的基本方式，构成在同一频率的 SDRAM 的基础上的数据双倍传送，因此它的带宽比同一频率的 SDRAM 高一倍。DDR2 可以看作是 DDR 技术标准的升级和扩展，它具有两倍 DDR 预读取方式（即 4bit 数据预读取），在相同工作频率下带宽为 DDR 的两倍。DDR3 具有更高的运行效能和更低的电压标准，成为当今流行内存。它采用 8bit 数据预读取，在相同工作频率下带宽为 DDR2 的两倍。

（1）数据位宽。数据位宽指内存在一个时钟周期内所能传送数据的位数，以 bit 为单位。内存的数据位宽越大，数据传输速率就越高，数据位宽有 64、128、256 几种型号。

（2）工作频率。内存工作频率也称内存主频，它代表着该内存工作时所能达到的最高频率。人们常用它表示内存的速度，内存主频越高在一定程度上代表着内存所能达到的速度越快。

（3）内存带宽。内存带宽指内存工作时单位时间传输资料的最大值，计算公式为：内存带宽=内存数据位宽×内存工作频率×一个时钟周期内交换的数据包个数/8（GB/秒）。

（4）存取时间。存取时间指内存完成列地址选择信号、行地址选择信号、读出或写入信号、读出或写入数据 4 个过程所需的时间。存取时间单位为 ns，存取时间越短，CPU 等待的时间就越短，效率就越高。

（5）ECC 校验。ECC（Error Checking and Correcting）即错误检查和纠正，是一种数据校验技术。使用带有 ECC 功能内存能够在存取数据中自动纠错，从而使系统工作更加安全稳定。

（6）内存容量。内存容量为内存条的存储容量，是内存条的关键性参数。

3）硬盘

硬盘是一个电子机械设备。主要部件包括：在铝合金或塑料为基底的盘片两面涂有一层磁性胶体材料，构成磁盘，驱动磁盘旋转的电机，读、写磁头，定位读、写磁头位置的电动机，以及控制读、写操作并与主机进行数据传输的控制电路。

（1）磁盘的逻辑结构。在磁盘上化分出一个个称为磁道的同心圆，并由外至里依次对磁道编号。多个盘片时，具有相同编号的磁道组成柱面。通过画半径，将每个盘片上的磁道都分成相同数量的扇形区域，该扇形区域称为扇区，硬盘的数据就是存放在这些扇区上的。

（2）硬盘的接口。硬盘接口有 IDE（早期主流硬盘接口）、SCSI（多用于服务器上）、SATA（又叫串口硬盘，是目前主流）和光纤通道（用于高级服务器上）、USB（多用于移动硬盘）几种类型。

（3）硬盘数据传输率。硬盘数据传输率表示硬盘工作时的数据传输速度。硬盘数据传输率分为内部数据传输率和外部数据传输率。内部数据传输率是指硬盘磁头与缓存之间的数据传输率，外部数据传输率是指硬盘缓存和计算机系统之间的数据传输率，通常标注的硬盘数据传输率指外部数据传输率，外部数据传输率远高于内部数据传输率。

（4）转速。硬盘的主轴电机带动盘片高速旋转时的速度，单位为 rpm。目前，硬盘转速有 7200rpm、10000 rpm 等几种。

（5）容量。硬盘的存储容量，以兆字节（MB）或千兆字节（GB）为单位。目前，硬盘容量为几百 GB 到几 TG。

（6）高速缓存（Cache）。硬盘 Cache 为硬盘内一个速度较高的存储器，起数据缓存作用，用于提高硬盘与外部数据的传输速度。目前，硬盘的缓存容量多为 16MB 、32MB 或 64 MB 等，其数值越大越好。

（7）平均寻道时间。指在磁盘面上移动磁头到所指定的磁道所需的时间，它也是衡量硬盘速度的重要指标。平均寻道时间实际上是由转速、单碟容量等多个因素综合决定的一个参数，目前硬盘的这项指标都在 9～10ms 之间，数值越小越好。

（8）单碟容量。就是一张磁盘所能存储的最大数据量。增加硬盘容量，一是增加存储盘片的数量，二是增加单碟容量。当前单碟容量大于 500GB。

4）固态硬盘

固态硬盘就是在 PCB 电路板上配置控制芯片、缓存芯片和 Flash 存储芯片阵列而组成。固态硬盘的接口规范和定义、功能及使用方法上与普通硬盘相同，在产品外形和尺寸上也与普通硬盘一致。

固态硬盘的存储介质分为两种，一种是采用闪存（Flash 芯片），另外一种是采用 DRAM。采用 Flash 芯片作为存储介质为主流，就是通常所说的 SSD。它可以制作成笔记本硬盘、微硬盘、存储卡、U 盘等多种样式。由于采用闪存作为存储介质，固态硬盘不用磁头，寻道时间几乎为 0，读取速度相对机械硬盘更快，持续写入的速度非常大。另外功耗低，无噪音，抗震动，低热量，体积小，工作温度范围大都是人们看重的优点。

5）主板芯片组

芯片组（Chipset）是主板的核心组成部分，按照在主板上的排列位置的不同，通常分为北桥芯片和南桥芯片。北桥芯片（North Bridge Chipset）是主板芯片组中最重要的组成部分，也称为主桥（Host Bridge）。其中有 CPU 的类型、主板的系统总线频率、内存控制器、PCI-E 控制器、显示核心。一般情况下，芯片组的名称就是以北桥芯片的名称来命名。南桥芯片负责 I/O 总线之间的通信，如 PCI 总线、USB、LAN、ATA、SATA、IEEE 1394、WI-FI、音频控制器、键盘控制器、实时时钟控制器、高级电源管理等。有的主板芯片组引入了单芯片设计，将南北桥功能整合到一颗芯片中。随着 CPU 技术的发展，目前 Intel 与 AMD 的新一代处理器已经将传统北桥芯片的大部分功能都整合到 CPU 内部，有的处理器则是完全整合了北桥芯片，主板芯片组只剩南桥了。

6）显卡

显卡也叫显示卡、图形加速卡等。它的主要作用是对图形函数进行加速和处理，提供图形函数计算功能。显卡基本上都是由显示主芯片、显存、BIOS、数字模拟转换器（RAMDAC）、显卡的接口及卡上的电容、电阻、散热风扇或散热片等组成。多功能显卡还配备了视频处理及输出、输入接口。

（1）显示芯片（GPU）。显示芯片也称图形处理芯片，通常也称为加速器或图形处理器，它是显卡的"大脑"，负责绝大部分的计算工作。显示芯片决定了该卡的档次和大部分性能，同时也是 2D 显卡和 3D 显卡区分的依据。2D 显示芯片在处理 3D 图像和特效时主要依赖 CPU 的处理能力，被称为"软加速"。如果将三维图像和特效处理功能集中在显示芯片内，即所谓"硬件加速"功能，就构成了 3D 显示芯片。显示芯片的主要参数有核心频率、流处理器、位宽和制造工艺等。显卡的核心频率是指显示核心的工作频率，与 CPU 类似，其工作频率在一定程度上可以反映出显示核心的性能。流处理器即先前的像素渲染管线和顶点着色单元，它是对多媒体的图形数据流进行高效处理的引擎。流处理器可以成组大数量的运行，从而大幅度提升显示芯片并行处理能力。显示芯片核心频率与流处理器个数是决定显卡性能的关键因素。

（2）显存位宽。显存位宽是显存在一个时钟周期内所能传送数据的位数。位数越大则传输的数据量越大，常见显存位宽有 256 位、512 位和 1024 位。

（3）显存带宽。显存带宽是指显示芯片与显存之间的数据传输速率，它以字节/秒为单位。显存带宽的计算公式为：显存带宽＝显存工作频率×位宽／8。

（4）显存类型。现在显卡已经广泛采用 DDR、DDR2、DDR3 和 DDR SGRAM 做显示存储器，DDR3 显存是市场中的主流。

（5）显存频率。显存频率是指默认情况下，显存在显卡上工作时的频率，以 MHz 为单位。显存频率一定程度上反映该显存的速度，显存频率由显存的类型、性能决定。

（6）显卡接口。显卡接口类型：PCI（Peripheral Component Interconnect），早期最流行的总线之一，它使用的是 32 位的位宽，以 33.3MHz 的频率工作；AGP （Accelerated Graphics Port），意为图形加速接口。AGP 工作频率为 66MHz，32 位的位宽，AGP 3.0 版本具有 AGP 8X 功能；PCI Express 取代传统的 AGP 和 PCI 总线，PCI Express 总线是一种点对点串行的设备连接方式，点对点意味着每一个 PCI Express 设备都拥有自己独立的数据连接，各个设备之间并发的数据传输互不影响。PCI Express 总线规格分为×1（250MB/s）、×2、×4、×8、×12、×16 和×32 的几种通道。

8.4　实训指导

1．准备工作
1）硬件准备
安装好操作系统和驱动程序的计算机若干台。
2）软件准备
CPU-Z 1.69.0、Super π、HD Tune V4.60、CrystalDiskInfo V6.1.12、GPU-Z 0.7.3、FurMark 1.13.0、3DMark 11、AIDA64 V5.50 等软件。
2．操作过程
1）CPU、内存和主板测试

（1）使用 CPU-Z 查看 CPU 等信息。CPU-Z 是一款著名的 CPU 检测软件，使用它不但可以查看 CPU 信息，而且还能检测内存、主板等相关信息。

下面以 CPU-Z 1.69.0 版本为例，介绍 CPU-Z 的用法。

①下载 CPU-Z （该程序为免费软件），安装到指定的文件夹中，双击其目录下的 CPU-Z.exe 程序图标，即可运行 CPU-Z。

②首先打开的是"处理器"选项卡，从界面中可以看到，CPU 的名称为 Intel Pentium G840，主频为 1596.19MHz，倍频数为 16.0（16-28），主频和倍频数可根据 CPU 负荷大小进行自动调节。系统总线频率为 99.76（理论上是 100MHz），制造工艺是 32nm，另外，还有 L1、L2 的数据缓存和指令集等信息，如图 8-1 所示。

③切换到"缓存"选项卡，可以查看 CPU 各级缓存的大小、位置等详细信息，但该信息

与 CPU 选项卡中的 L1、L2 的信息类似。

④切换到"主板"选项卡，这里列出了主板芯片组的信息，如图 8-2 所示。

⑤切换到"内存"选项卡，可以查看内存的类型、大小、是否双通道等情况，例如当前显示内存类型为 DDR3，容量大小是 4GB，如图 8-3 所示。

⑥切换到 SPD 选项卡，可以查看每一条内存的大小、内存带宽、内存频率以及内存的 CAS 等信息，如图 8-4 所示

图 8-1   "处理器"选项卡

图 8-2   "主板"选项卡

图 8-3   "内存"选项卡

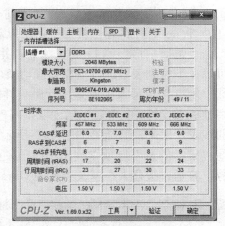

图 8-4   SPD 选项卡

（2）使用 Super π测试 CPU 性能。

Super π是一款通过计算圆周率来检测处理器性能的工具，测试中让CPU高负荷工作，有效地反映CPU的运算性能与稳定性。目前，它已经成为测试主板和CPU的主要工具之一，使用 Super π测试 CPU性能的方法如下。

①下载 Super π（大小只有 1000KB 左右）程序，解压到指定的文件夹中，然后双击文件夹中的 Super pi.exe 程序，打开 Super π主界面。

②单击"计算"按钮，打开"设置"对话框，在"请选择 π 值的计算位数"下拉列表中，选择最常用的测试 100 万位，如图 8-5 所示。

③单击"开始"按钮，打开"开始"提示对话框。

④单击"确定"按钮，接着开始测试，测试结束后会弹出"完成"对话框，可以看到当前计算机的测试得分为 14.289 秒，如图 8-6 所示。

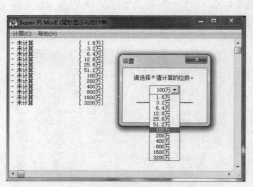

图 8-5　选择测试 100 万位

图 8-6　测试结束

2）硬盘测试

（1）HD Tune 是一款小巧易用的硬盘测试软件，主要检测硬盘传输速率、健康状态、温度，及硬盘的固件版本、序列号、容量、缓存大小以及当前的 Ultra DMA 模式等。下面以 HD Tune V5.50 对硬盘进行测试。

①将 HD Tune 汉化版下载后，解压到一个指定的文件夹中，双击 HD Tune.exe 程序图标，运行 HD Tune 程序，在主界面中，可以看到其主要包括 "基准"、"磁盘信息"、"健康状态"、"错误扫描" 等 11 个选项卡，并显示出硬盘的型号及当前的温度，如果安装多个硬盘，可以在下拉列表中进行硬盘选择切换。

②"基准"选项卡主要是进行磁盘性能测试。用户只需单击"开始"按钮，即可对硬盘的读写性能进行检测，主要包括读取及写入数据时的传输速率、存储时间及 CPU 的占用率等，并用曲线表示出来，其结果如图 8-7 所示。

③"磁盘信息"选项卡列出了当前硬盘各个分区的详细信息，提供了硬盘的固件版本、序列号、容量、缓存大小以及当前的 Ultra DMA 模式，如图 8-8 所示。

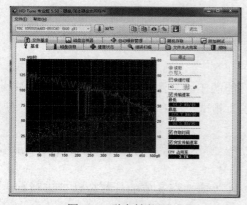

图 8-7　磁盘性能测试

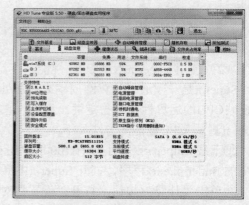

图 8-8　当前硬盘各种信息

④"健康状态"选项卡对磁盘进行了全方位的体检,包括磁盘的各方面性能参数,如读取错误率、寻道错误率、写入错误率、温度、通电时间以及硬盘的状况是否良好等,如图 8-9 所示。

⑤切换到"错误扫描"选项卡,该选项卡用来检测硬盘上面是否存在物理损坏,如果测试时间不多,则可以选中"快速扫描"复选框。然后单击"开始"按钮,即开始检测硬盘上的坏道,绿色代表良好,红色代表坏道,如图 8-10 所示。

图 8-9　硬盘健康信息

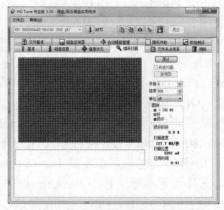

图 8-10　检测硬盘是否存在物理损坏

(2) CrystalDiskInfo 通过硬盘 S.M.A.R.T 技术对磁头、盘片、马达、电路的运行情况、历史记录及预设的安全值进行分析、比较,当超出安全值范围时,就会自动向用户发出警告。当检测中出现"黄色警告"或"红色损毁"时,用户可以从视窗列表中查看具体是什么问题,以便及时处理,避免硬盘中的资料丢失。

下载 CrystalDiskInfo V6.1.12 汉化版并解压。双击 DiskInfo.exe 程序图标,运行 CrystalDiskInfo 程序,主界面如图 8-11 所示。主界面中显示了当前所检测硬盘的各种参数及健康状态。单击"功能"菜单中的"图表"命令项,打开图表窗口,选择硬盘的状态项目,用图表显示当前硬盘的健康状态,如图 8-12 所示。

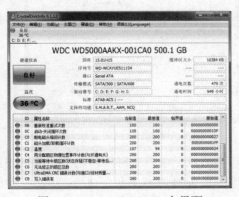

图 8-11　CrystalDiskInfo 主界面

图 8-12　图表窗口

3)显示测试

(1) 使用 GPU-Z 0.7.3 检测显卡。下载 GPU-Z,解压运行,其主界面如图 8-13 所示。

这里可清楚地看到显卡芯片的名称、核心名称、制造工艺、显存类型、显存大小、显存频率和核心频率等信息。

（2）使用 FurMark 检测显卡性能。由于FurMark已使用OpenGL 2.0，因此测试中要求显卡为NVIDIA GeForce 5以上和AMD/ATI Radeon 9600或S3 Graphics Chrome 400 series以上。

①下载 FurMark v1.13.0 免费软件，双击 FurMark.exe，在安装向导的指引下完成程序的安装。

②运行 FurMark，进入程序主界面，如图 8-14 所示。FurMark 测试提供了包括全屏、窗口分辨率、去锯齿 MSAA 等设置。FurMark 还内嵌了对 GPU、CPU 的监测工具 GPU-Z、GPU Shark 和 CPU burner 软件。FurMark 测试主要有基准性能测试 Benchmark（user's settings）并预置了

图 8-13　显卡信息

1280×1080 和 1280×720 两种模式，用于显卡 GPU 稳定性老化测试 Burn-in test 和 1920×1080 模式下 15 分钟的老化基准测试 Burn-in benchmark。

③选择设置参数，按下 Benchmark（user's settings）按钮进入测试。测试结束后弹出对话框，其中给出了 GPU、CPU、内存参数，GPU 温度，测试所得分数等信息，还可将测试结果上传网络与其他用户的测试进行比较，如图 8-15 所示。

图 8-14　FurMark 主界面

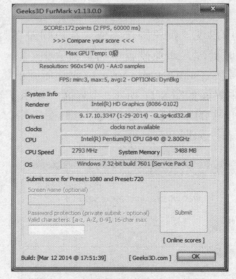

图 8-15　基准测试结果显示对话框

④按下 Burn-in test 按钮进行稳定性老化测试，该测试无法限定时间和帧数，单纯不断地进行拷机直到手动关闭为止。它可以让显卡运行在极限高温状态，一般认为只要通过了 FurMark 考验过的显卡，跑游戏都不会出问题。

（3）使用 3DMark 11 测试显卡性能。3DMark 是 Futuremark 公司开发的专为测量显卡性能的软件，现已发行多个版本。3DMark 11 已不仅仅是一款衡量显卡性能的软件，其功能渐渐

转变成评价整机性能的工具。3DMark 11 专为支持 DirectX 11 的显卡开发的，通过 4 个图形测试项目、一项物理测试、一组综合性测试另加深海和神庙 2 个演示场景来检测显卡的性能，最后用分数直观表示出来。

3DMark 11 共分为了三个版本，基础版（Basic Edition）为免费版本，高级版（Advanced Edition）和专业版（Professional Edition）为付费版本，下面以专业版（Professional Edition）为例进行测试。

①按安装向导提示进行专业版 3DMark 11 安装。

②安装完成后，运行程序，如图 8-16 所示为专业版 3DMark 11 主界面。主界面中有 4 个选项卡，Basic 提供了最通用的测试模式以及测试方式，其中预置了 Entry 入门、Performance 性能以及 Extreme 极限测试。

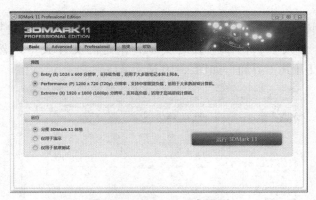

图 8-16　3DMark11 主界面

Advanced 基准测试分为 4 个图形测试，1 个物理设置以及 1 个综合测试。下面提供的细节设置，为检测提供更多选择，如图 8-17 所示。

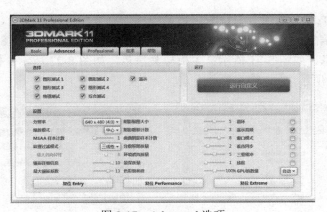

图 8-17　Advanced 选项

③选定项目进行测试。单击主界面上"运行 3DMark 11"按钮，软件开始运行，依次对所选项目进行测试。测试结束后单击"结果"选项卡按钮，弹出测试总分窗口，如图 8-18 所示。在 Professional Edition 中，得出了 3DMark 11 总分成绩和分类的 GPU 及 CPU 分数，并详细显示了测试的 GPU 和 CPU 型号及测试时间等信息。

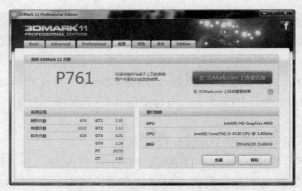

图 8-18　3DMark 11 测试成绩

4）综合性能测试

使用 AIDA64 测试系统性能，下面以 AIDA64 V4.20.2800 介绍其使用方法。

①AIDA64 是一个共享软件，下载后安装到指定的文件夹中，然后双击文件夹中的 AIDA64.exe 程序，打开其主界面，如图 8-19 所示。

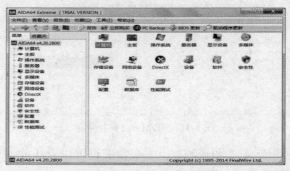

图 8-19　AIDA64 主界面

②通过单击"菜单"选项卡中检测项目前图标，展开相关检测命令，再单击命令项查看相关计算机的硬件信息。下面给出中央处理器（CPU）检测信息，如图 8-20 所示；图形处理器（GPU）检测信息，如图 8-21 所示；主板检测信息，如图 8-22 所示；传感器温度、电压检测信息，如图 8-23 所示。

图 8-20　中央处理器（CPU）检测信息

图 8-21　图形处理器（GPU）检测信息

图 8-22　主板检测信息

图 8-23　传感器温度、电压检测信息

③性能测试主要完成对内存和 CPU 的工作性能检测。内存性能测试包括内存读写测试、复制、潜伏测试。CPU 性能测试包括 CPU 的分支预测能力测试；CPU 整数运算能力、浮点运算能力测试。选择测试项目后，单击"刷新"按钮（或按 F5 键）进行检测，测试结果用黄色背景数字表示。内存读取，如图 8-24 所示；CPU 分支预测能力测试，如图 8-25 所示。

图 8-24　内存读取测试结果

图 8-25　CPU 分支预测能力测试结果

④系统稳定性测试。单击"工具"菜单中的"系统稳定性测试"命令，完成对 CPU、主板、硬盘工作中温度、CPU 风扇、CPU 电压稳定性的测试。如图 8-26 所示。

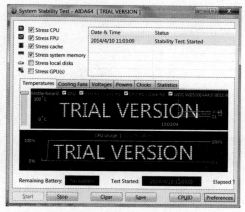

图 8-26　系统稳定性测试界面

8.5 思考与练习

1. CPU 核心指的是什么?

2. 计算机的硬盘接口类型主要分为哪几种?

3. 缓冲存储器在计算机中的作用是什么?

4. 计算 DDR3 1333 内存的理论带宽是多少?

5. 使用 AIDA64 检测当前计算机的芯片组名称、声卡和显卡型号。

6. 使用 HD Tune 查看当前计算机的硬盘使用时间。

7. 怎样配置三通道内存?

8. 影响显示性能的因素有哪些?

9. 实训中测得的硬盘平均传输速率是多少?

10. 简述芯片组的作用。

项目实训 9　数据、系统的备份与还原

9.1　实训目标

1. 理解数据、系统备份与还原的意义;
2. 掌握数据、系统备份与还原的方法、技能。

9.2　实训任务

1. 用 Windows 7 对数据、系统进行备份与还原;
2. 用 Ghost 软件对系统进行备份与还原。

9.3　相关知识

1. 计算机数据、系统备份与还原的意义

备份与还原:为了防止磁盘损伤或损坏,计算机病毒或人为误删除等原因造成的计算机数据、系统文件损坏或丢失,使计算机操作系统不能正常引导,而将计算机数据、操作系统事先用文件单独贮存起来,用于故障后的恢复叫备份。通过备份文件使数据、系统恢复到故障前状态叫还原。计算机数据、系统备份与还原有效保证了计算机数据、系统的安全。

2. 在什么时候备份与还原系统

安装完操作系统、各种驱动程序后,再安装常用必备软件(如 WinRAR、杀毒软件、Office 办公软件等)和所需应用软件,然后优化系统,接着做系统的备份操作。

如在系统使用一段间后才克隆备份,则备份前先清除系统盘里的垃圾文件,注册表里的垃圾信息,整理系统盘的磁盘碎片,再进行系统备份操作。

当感觉系统运行缓慢时(可能由于经常安装、卸载软件,残留或误删了一些文件,导致系统紊乱)、系统崩溃时、中了比较难杀除的病毒时,就要进行系统还原。长时间没整理系统盘的磁盘碎片,又不想花长时间整理,也可以直接进行系统还原。

3. 常见的备份与还原方法

1)复制粘贴法

将需备份的数据通过复制和粘贴命令保存在存储器上。

2)备份文件还原法

用操作系统自带的备份工具对数据进行备份,并以备份文件形式保存,需还原时,再通过该工具选择备份文件进行还原操作。

3)创建还原点还原法

用操作系统自带的创建还原点工具向导对系统进行还原点创建,需还原时,再通过该工

具选择还原点进行系统还原。

4）创建映像文件还原法

用操作系统自带的创建系统映像文件工具或用第三方专用工具软件创建系统映像文件，需系统还原时，再通过相应软件和系统映像文件进行系统还原。

4. 备份文件的保存

备份的数据要求保存在相对安全的地方。除专用备份服务器外，可选择其他独立的存储介质，如光盘或外部存储器等，也可保存在互联网提供的网络硬盘上，不要将备份数据保存在操行系统所在的分区上。

5. 常见系统备份与还原软件

（1）操作系统自带的系统备份还原工具。

（2）一键还原精灵：傻瓜式的系统备份和还原工具，具有安全、快速、保密性强、压缩率高、兼容性好等特点，特别适合电脑新手使用。

（3）冰点还原精灵：它可自动将系统还原到初始状态，很好地抵御病毒的入侵以及人为对系统有意或无意的破坏，不管个人用户还是网吧、学校或企业，都能很好起到保护系统的作用。

（4）Ghost：一款功能强大，使用方便，适应各种用户需要的磁盘克隆恢复软件，也被特指为能快速恢复的系统备份文件。

4. Ghost 软件界面介绍

Ghost 有 Windows 和 DOS 两个版本，操作界面相同。DOS 版 Ghost 只能在 DOS 环境下运行，在 Ghost.exe 文件所在路径下，输入 Ghost，按 Enter 键启动，需说明的是 DOS 版 Ghost 虽支持 NTFS 格式，但必须在非 NTFS 分区上运行。Windows 版 Ghost 可以在 Windows 环境下双击 Ghost.exe 图标运行。

图 9-1　Ghost 操作界面

Ghost 操作界面如图 9-1 所示，各操作选项的含义如下：

（1）Local：本地；

（2）Disk：磁盘，即整个物理硬盘；

（3）Partition：分区，即在硬盘中建立的逻辑磁盘，每个对应一个盘符；

（4）Image：映像，映像是 Ghost 的一种存放硬盘或分区内容的文件格式，扩展名为.gho；

（5）到，即为"备份到······"的意思；

（6）From：从，即为"从······还原"的意思；

（7）Source：源，与 From 相对应；

（8）Destination：目标，与 To 相对应。

Ghost 备份方式有硬盘 Disk 和分区 Partition 两种，在菜单中单击 Local 菜单项，在级联菜单中有三个子菜单项，其中 Disk 表示对整个硬盘复制/备份/还原，Partition 表示对硬盘单个分区复制/备份/还原，Check 表示对硬盘/映像文件进行检查。

例如：选择 Local→Partition→To Image 命令，表示要把指定分区（可同时选择多个分区）做成映像文件，存放到指定地点。

9.4　实训指导

1. 准备工作

（1）安装 Windows 7 的计算机若干台。

（2）Ghost 11.5.1。

2. 操作过程

1）Windows 7 的数据备份与还原

（1）Windows 7 的数据备份。

Windows 7 自带有数据备份工具，它可以方便备份文件和文件夹数据。

①单击"控制面板"→"备份和还原"命令，打开"备份和还原"窗口，若用户之前从未使用过 Windows 7 备份，窗口中会显示"尚未设置 Windows 备份"的提示信息，如图 9-2 所示。单击"设置备份"链接，弹出"设置备份"对话框，显示"正在启动 Windows 备份"信息。

图 9-2　"备份和还原"窗口

②Windows 备份启动完毕，自动关闭"设置备份"对话框，弹出"选择要保存备份的位置"对话框，如图 9-3 所示。在"保存备份的位置"组合框中列出了系统的内部硬盘驱动器，可以根据"可用空间"大小，选择保存备份数据的磁盘驱动器。也可以将备份保存到网络上的某个位置。选择完毕单击"下一步"按钮。

③在弹出的"您希望备份哪些内容"对话框中，因当前备份数据，单击"让我选择"选项，以便指定要备份的数据。单击"下一步"按钮，如图 9-4 所示。

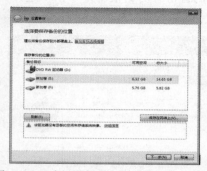

图 9-3　"选择要保存备份的位置"对话框

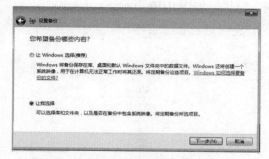

图 9-4　"您希望备份哪些内容"对话框

④在打开的对话框中，勾选要进行数据备份的驱动器上的文件夹或文件。选择完成后，

单击"下一步"按钮，如图9-5所示。

⑤在打开的"查看备份设置"对话框中，可浏览要进行数据备份的项目。单击"更改计划"链接，如图9-6所示。

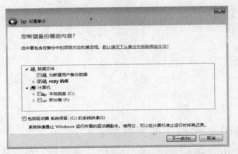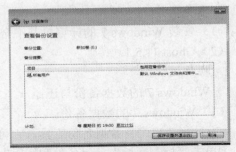

图9-5　勾选进行数据备份的文件夹或文件　　　　　图9-6　"查看备份设置"对话框

⑥ 在打开的"您希望多久备份一次"对话框中，对数据备份的日期时间进行设置，并勾选"按计划运行备份"复选框。完成备份计划设置后，单击"确定"按钮，如图9-7所示。

⑦ 返回"查看备份设置"对话框后，单击"保存设置并退出"按钮。弹出"正在备份"窗口，如图9-8所示。数据备份结束后，单击"关闭"按钮，完成此次数据备份操作。

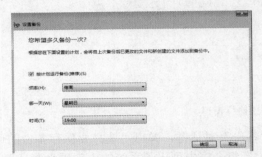

图9-7　"您希望多久备份一次"对话框　　　　　图9-8　"正在备份"窗口

（2）Windows 7 的数据还原。

① 打开"控制面板"→"备份和还原"命令，打开相应窗口，单击"还原我的文件"按钮，如图9-9所示。

② 在打开的"浏览或搜索要还原的文件和文件夹的备份"对话框中，单击"选择其他日期"链接，如图9-10所示。

图9-9　"备份和还原"窗口　　　　　图9-10　单击"选择其他日期"

③在打开的"所有文件都将还原到进行备份时的版本"对话框中，选择某一日期和时间的备份进行还原，单击"确定"按钮，如图 9-11 所示。

④在返回的图 9-10 的对话框中，可以单击"搜索"按钮，输入要还原的文件和文件夹备份名进行查找；可以单击"浏览文件"或"浏览文件夹"按钮，打开"浏览文件的备份"或"浏览文件夹或驱动器的备份"窗口，找到要还原的文件或文件夹备份，单击"确定"按钮，将选择的备份添加到"浏览或搜索要还原的文件和文件夹的备份"对话框中，如图 9-12 所示。

图 9-11　选择某一日期和时间的备份进行还原

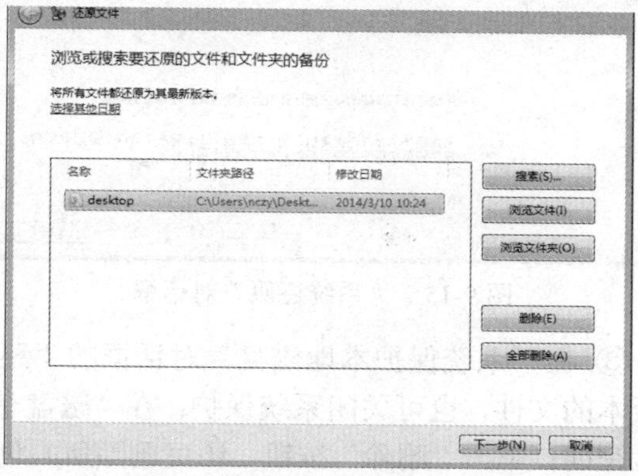

图 9-12　将选择的备份添加对话框中

⑤单击"下一步"按钮，弹出"您想在何处还原文件"对话框，用户根据需要可以选择"原始位置"或"自选还原位置"还原。选定后单击"还原"按钮，如图 9-13 所示。

⑥ 系统进行还原操作，还原结束后出现"已还原文件"对话框，如图 9-14 所示。

图 9-13　"您想在何处还原文件"对话框

图 9-14　"已还原文件"对话框

2）Windows 7 系统备份与还原

利用 Windows 7 系统自带的"系统还原"工具，方便地使系统还原到设定还原点时的状态。

（1）创建系统还原点。"还原点"即为某一时刻要还原的系统状态。在 Windows 7 中创建还原点必须开启系统还原功能，一般情况下为了节约磁盘空间，非系统分区不开启系统还原功能。第一次创建还原点最好在系统安装完驱动程序和常用软件之后，以后可以根据需要不定期地创建还原点。

①单击"开始"→"所有程序"→"附件"→"系统工具"→"系统还原"命令，打开"系统还原"对话框。因第一次使用，未创建还原点，显示"尚未在计算机的系统驱动器上创建还原点"的提示，如图 9-15 所示。

② 单击"系统保护"链接，打开"系统属性"对话框，如图 9-16 所示。在"系统保护"

选项卡中的"保护设置"中，可以看到系统默认打开保护操作系统所在分区的功能。单击"配置"按钮，打开"系统保护本地磁盘"对话框。

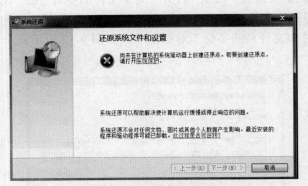

图 9-15　"系统还原"对话框

图 9-16　"系统属性"对话框

③ 在"系统保护本地磁盘"对话框的"还原设置"中，可以选择是否还原系统设置和以前版本的文件，也可关闭系统保护；在"磁盘空间使用量"中，可以调整用于系统保护的最大磁盘空间；单击"删除"按钮，还可删除所有创建的还原点。此时选择"还原系统设置和以前版本的文件"后，单击"确定"按钮，如图 9-17 所示。

④ 返回"系统属性"对话框，单击"创建"按钮，打开"创建还原点"对话框。在文本框中输入还原点描述，如图 9-18 所示。单击"创建"按钮。

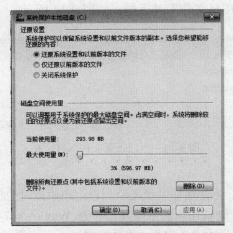

图 9-17　"系统保护本地磁盘"对话框

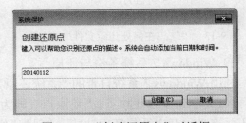

图 9-18　"创建还原点"对话框

⑤ 系统开始创建还原点，弹出"正在创建还原点"对话框，如图 9-19 所示。创建完成后，弹出"已成功创建还原点"提示信息，如图 9-20 所示。单击"关闭"按钮，结束创建还原点操作。

（2）使用还原点还原系统。

一旦 Windows 7 出现了故障，利用先前创建的还原点对系统进行还原恢复。根据系统启动情况，系统还原又分为：

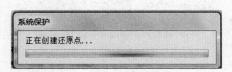

图 9-19　"正在创建还原点"对话框　　　　图 9-20　"已成功创建还原点"提示信息

①系统还原法。Windows 7 出现故障，但仍可以正常启动。

单击"开始"→"所有程序"→"附件"→"系统工具"→"系统还原"命令，打开"还原系统文件和设置"对话框，如图 9-21 所示。单击"下一步"按钮。

在打开的"将计算机还原到所选事件之前的状态"对话框中，根据备份"日期和时间"或备份"描述"选择系统还原点。若单击"扫描受影响的程序"按钮，将系统在还原中受到影响的程序和驱动器显示出来。选择完成后，单击"下一步"按钮，即可进行系统还原，如图 9-22 所示。还原结束后，系统会自动重新启动，进入创建还原点时的状态。

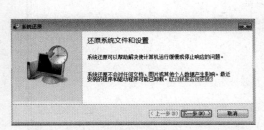

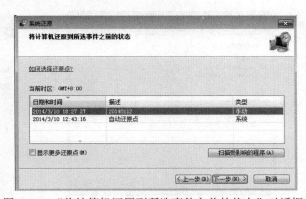

图 9-21　"还原系统文件和设置"对话框　　图 9-22　"将计算机还原到所选事件之前的状态"对话框

②"安全模式"还原法。有时 Windows 7 出现故障，不能正常启动，但可以在安全模式下启动计算机。安全模式指使用最基本的系统模块和驱动程序启动 Windows 7，不加载网络支持，加载的驱动程序和模块仅用于鼠标、显示器、键盘、存储器、基本的视频和默认的系统服务。

在计算机启动时按下 F8 键，在启动模式菜单中选择"安全模式"，系统进入安全模式后就可以按上述系统还原法进行系统还原了。

（3）创建系统备份映像文件。

① 单击"控制面板"→"备份和还原"命令，打开"备份和还原"窗口。单击导航空格中的"创建系统映像"链接，打开"您想在何处保存备份"对话框，如图 9-23 所示。

②选择存放备份的系统映像文件的位置。可以在"在硬盘上"、"在一片或多片 DVD 上"、"在网络位置上"这三个选项中选择。当选择保存到 DVD 上时，需要装有 DVD 刻录光驱和空白 DVD 刻录光盘。用户选择后，单击"下一步"按钮，打开"您要在备份中包括哪些驱动器"对话框，如图 9-24 所示。

③ 默认选定安装有操作系统的分区且不能更改，根据需要还可选择需备份的其他驱动器后。单击"下一步"按钮，打开"确认您的备份设置"对话框，如图 9-25 所示。

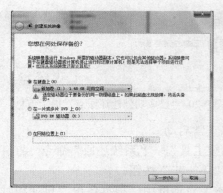
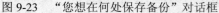
图 9-23　"您想在何处保存备份"对话框

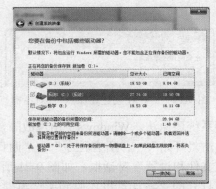
图 9-24　"您要在备份中包括哪些驱动器"对话框

④ 检查备份设置无误后，单击"开始备份"按钮，系统进入备份操作，直至操作完成，如图 9-26 所示。

图 9-25　"确认您的备份设置"对话框

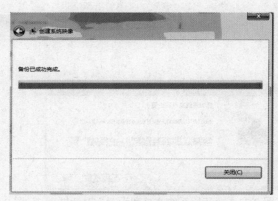
图 9-26　"备份已成功完成"对话框

（4）创建系统修复光盘。

① 单击"控制面板"→"备份和还原"命令，打开"备份和还原"窗口。单击导航空格中的 "创建系统恢复光盘"链接，打开如图 9-27 所示的对话框。

② 选择 DVD/CD-RW 驱动器后，在 CD/DVD-RW 驱动器中插入可刻录光盘，单击"创建光盘"按钮，系统开始创建系统修复光盘，如图 9-28 所示，直到创建完成。

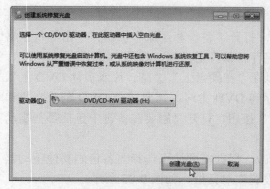
图 9-27　选择驱动器

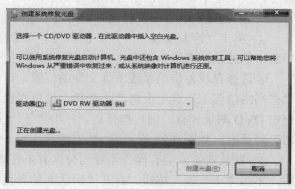
图 9-28　正在创建光盘

（5）利用系统备份映像文件还原。

① 通过"控制面板"中的"备份和还原"功能进行系统还原。

单击"控制面板"→"备份和还原"命令，打开"备份和还原"窗口。单击"恢复系统设置或计算机"链接，打开"将计算机还原到一个较早的时间点"对话框，如图 9-29 所示。

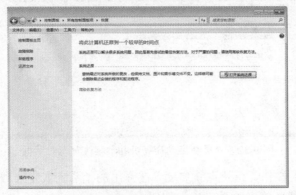

图 9-29　"将计算机还原到一个较早的时间点"对话框

单击"高级恢复方法"链接，打开"选择一个高级恢复方法"对话框，可以选择"使用之前系统创建的映像恢复计算机"或"重新安装 Windows"，如图 9-30 所示。

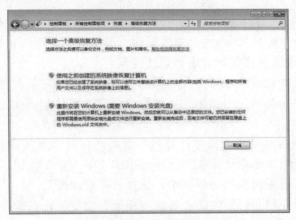

图 9-30　选择一个恢复方法

单击"使用之前系统创建的映像恢复计算机"选项，打开"您是否要备份文件"对话框，如图 9-31 所示。单击"立即备份"按钮，系统对一些个人重要数据进行备份，防止系统恢复后这些文件丢失。

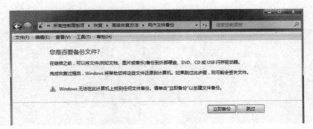

图 9-31　"您是否要备份文件"对话框

若不进行备份，单击“跳过”按钮，打开“重新启动计算机并继续恢复”对话框，如图 9-32 所示。

« 恢复 ▸ 高级恢复方法 ▸ 用户文件备份 ▸ 重新启动
文件(F) 编辑(E) 查看(V) 工具(T) 帮助(H)
重新启动计算机并继续恢复
如果要从系统备份还原计算机，将能选择备份日期(如果存在多个)。
您已选择不备份数据。如果继续，则可能会丢失文档、图片和音乐等用户文件。
重新启动
取消

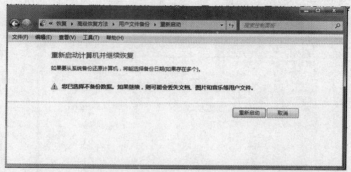

图 9-32　“重新启动计算机并继续恢复”对话框

单击“重新启动” 按钮，系统重新启动。在弹出的“系统恢复选项”对话框中，选择“中文（简体）-美式”键盘，单击“下一步”按钮。

在弹出的“对计算机进行重映像”对话框中，选择“系统映像”，单击“下一步”按钮。

在弹出的“您的计算机将从以下系统映像中还原”对话框中，选择映像文件，单击“完成”按钮。

在弹出的“完全确认”对话框中，显示“将还原的驱动器上的所有数据都将替换成系统映像中的数据，您确定继续吗”，单击“是”按钮，系统开始还原，直至完成。

② 通过安装光盘或系统修复光盘进行系统还原。

将 Windows 7 安装光盘或系统修复光盘插入光盘驱动器，并从光盘启动计算机。

在弹出的“安装 Windows”对话框中，选择“中文（简体）-美式键盘”，单击“下一步”按钮。

在弹出的安装界面中，单击“修复计算机”选项，打开“系统恢复选项”对话框，选择“使用以前创建的系统映像还原计算机”选项，单击“下一步”按钮。

在弹出的“对计算机重镜像”对话框中，选择“系统映像”，单击“下一步”按钮。接下来的操作可借鉴通过“控制面板”中的“备份与还原”功能进行系统还原的最后两个步骤。

4）用 Ghost 软件对系统、数据进行备份与还原

（1）制作分区映像文件。对系统进行优化处理后，可对系统和数据进行分区备份。

① 运行 Ghost 11.5.1 后，在主界面选择 Local→Partition→To Image 命令，出现“选择本地源硬盘号”对话框（源硬盘就是要做备份的那个分区所在的硬盘），如图 9-33 所示。如果计算机中装有多个硬盘，需谨慎选择，如只有一个硬盘，可直接单击 OK 按钮。

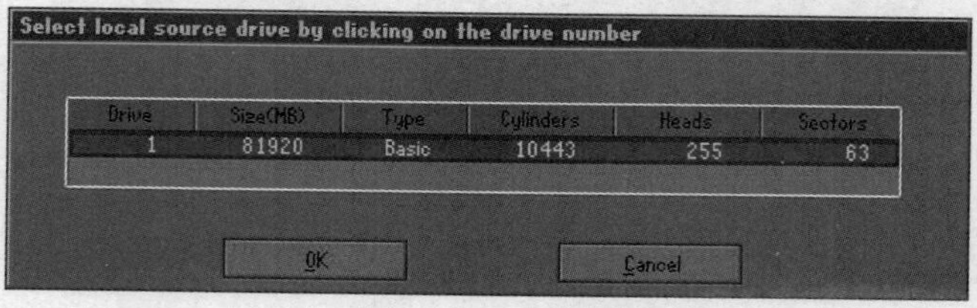

Select local source drive by clicking on the drive number
Drive Size(MB) Type Cylinders Heads Sectors
1 81920 Basic 10443 255 63
OK
Cancel

图 9-33　选择源硬盘

　　② 在显示该硬盘的分区信息对话框，即源分区对话框（源分区就是要备份的哪个分区）中选择要备份的那个分区。当前硬盘有 4 个分区，这里以备份 C 盘上的数据为例，选择第 1 个分区作为源分区，单击 OK 按钮，如图 9-34 所示。

　　③ 接着指定映像文件存放的路径和文件名，在 Look In（选择映像文件保存的分区）下拉列表框中选择源文件存放路径，在 File Name 文本框输入映像文件名，还可以在 Image file description 文本框中输入映像文件描述说明。完成后，单击 Save 按钮，如图 9-35 所示。

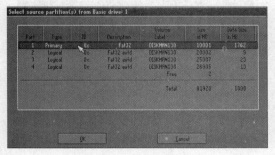

图 9-34　选择源分区

图 9-35　指定映像文件存放的路径和文件名

　　④ 在选择备份文件的压缩方式对话框中，No 表示不压缩，Fast 表示使用较快的速度和较低的压缩率备份，High 表示使用较高的压缩率和较低的速度备份，如图 9-36 所示。

　　⑤ 在出现再次询问"是否真的要建立分区映像操作"对话框，单击 Yes 按钮，如图 9-37 所示。

　　⑥ Ghost 开始建立映像文件，从显示界面可以观察备份进度、所需时间、完成情况等信息，如图 9-38 所示

图 9-36　选择压缩方式

图 9-37　确认建立映像

　　⑦ 完成后，出现映像文件建立成功提示，单击 Continue 返回 Ghost 主界面，如图 9-39 所示。

图 9-38　建立映像文件过程

图 9-39　映像文件建立成功

（2）使用映像文件还原分区。

在系统出现故障时，利用备份的映像文件还原系统，使系统回到备份时的状态。操作步骤如下：

①运行 Ghost 8.0 后，在主界面选择 Local→Partition→From Image 命令，如图 9-40 所示。

②在"映像文件还原"对话框中，选择映像文件所在的分区、路径、文件名，如图 9-41 所示。

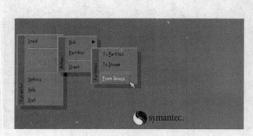

图 9-40　选择 From Image

图 9-41　选择映像文件

③ 单击 Open 按钮，显示映像文件的分区信息，如图 9-42 所示。

④ 单击 OK 按钮，选择要恢复到的硬盘。如果当前计算机安装了多个硬盘，就需要进行选择，这里只安装了一个硬盘，如图 9-43 所示。

图 9-42　映像文件分区信息

图 9-43　选择要恢复到的硬盘

⑤单击 OK 按钮，选择目标分区（即要还原到的哪个分区）。因为是恢复 C 盘，所以这里选择第一个分区，如图 9-44 所示。

⑥单击 OK 按钮，确认是否要在该分区还原数据，如图 9-45 所示。

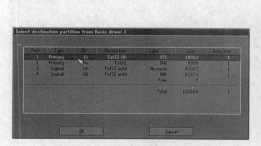

图 9-44　选择目标分区

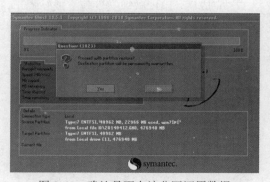

图 9-45　确认是否在该分区还原数据

⑦ 单击 Yes 按钮，Ghost 开始还原操作，从进度条可观察还原进度，如图 9-46 所示。

⑧ 还原完成后，出现完成提示信息，单击 Reset Computer 重启计算机，如图 9-47 所示。

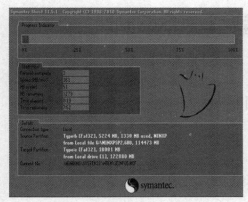

图 9-46 正在还原映像文件操作

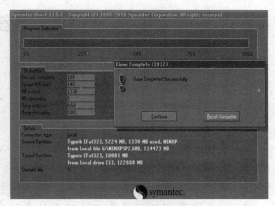

图 9-47 还原完成提示

9.5 思考与练习

1. 简述数据、系统备份的重要性。
2. 系统备份有哪些方法？
3. Windows 7 创建映像文件还原与 Ghost 备份的映像文件还原比较各有什么特点？
4. 分析说明哪些个人数据需要备份。
5. 为什么不能用复制和粘贴命令来备份和还原系统？

项目实训 10　系统维护工具盘的制作

10.1　实训目标

1. 明确系统维护工具盘的结构与功能；
2. 学会使用系统维护工具盘的制作工具；
3. 掌握系统维护工具盘的编辑、制作技术；
4. 熟悉用虚拟机测试系统维护工具盘的方法。

10.2　实训任务

1. 设计系统维护工具盘的功能结构；
2. 编辑系统维护工具盘的内容；
3. 测试系统维护工具盘的功能；
4. 制作系统维护工具盘。

10.3　相关知识

1. 系统维护工具盘简介

在系统安装和维护工作中需要使用很多工具软件，通常将它们与操作系统安装文件、硬件驱动程序等集成到同一光盘或闪存盘（U 盘）上，称之为系统维护工具盘。

1）系统维护工具盘的获取途径

（1）直接购买。这样最为简单方便，能节省时间和精力，但现成的系统维护工具盘在功能上未必能够完全满足用户的实际需要。

（2）通过 Internet 下载启动盘制作程序或映像文件，然后写入存储介质。前者在很多网站上有免费版本供下载使用，如通用 PE 工具箱（www.tongyongpe.com）、老毛桃 U 盘启动制作工具（www.laomaotao.net）等，后者在 Internet 上的资源更为丰富，用户非常容易搜索、下载到自己的启动盘映像文件，其中.iso 映像可用于光盘刻录或 U 盘量产，.fba 映像则只能写入U 盘。

这种做法应配备光盘刻录机、空白光盘和 U 盘等硬件设施，并需使用光盘烧录、U 盘量产、USB 启动制作等多种工具软件。若用户想修改映像文件的内容，还要用到相应的编辑软件。

（3）用户制作。由用户自己完成系统维护工具盘的设计、编辑、测试、刻写等所有操作，整个过程复杂烦琐，需用的硬、软件较多，但能全面掌握系统维护工具盘的制作技术，充分享受 DIY 带来的乐趣。

2）系统维护工具盘的存储介质选择

系统维护工具盘通常采用 U 盘或光盘作为存储介质，两者都是目前主流的移动存储设备，其共同优点是携带方便，数据存储可靠。相比之下，U 盘的使用更为方便，因其体积小巧，且目前计算机都配置多个 USB 接口。但 U 盘的启动设置相对复杂，并由于难以避免的兼容问题而无法保证在任何计算机上都能启动成功；光盘的读写则依赖于光驱，好在目前大多数计算机都已标配 DVD 刻录机，且光驱与空白光盘的价格均较低廉。但若使用不当、维护不善，加上自然老化等原因，光驱和光盘的读写可靠性难有长久保障。

（1）U 盘的类型与容量。U 盘的类型很复杂，其接口主要有 USB 2.0 和 USB 3.0 两种，传输速率分别为 480Mb/s、5.0Gb/s。闪存芯片包括 SLC、MLC 和 TLC 三种，SLC 速度快，寿命长（10 万次擦写），价格昂贵；TLC 速度慢，寿命短（500 次擦写），价格便宜；MLC 的速度、寿命（1 万次擦写）、价格皆一般。主控芯片的种类则不胜枚举，如群联（Phison）、慧荣（SMI）、银灿（Innostor）等。主控芯片决定着 U 盘的性能，并与闪存芯片共同构成了影响 U 盘量产成功率的关键因素。

目前 U 盘的容量以 16GB 和 32GB 为主流，但已有的经验表明，大容量 U 盘制作启动盘的成功率较低，所以最好选用 4GB 或 8GB 的 U 盘作为系统维护工具盘的存储介质。

（2）光盘的类型与容量。光盘包括 CD、DVD 和 BD 等几大类，它们在存储容量、市场售价及对光驱的要求等方面都有差别。其中，BD 光盘必须用 BD 光驱进行读写，虽然其容量高达 25GB 以上，但价格昂贵，目前尚未普及使用；DVD 光盘可用 DVD 和 BD 光驱读写，其容量不小于 4.7GB，并且价格便宜，适用于制作 Windows Vista/Windows 7/Windows 8 系统维护工具盘；CD 光盘则全兼容于 CD、DVD 和 BD 光驱，价格非常便宜，然其容量仅有 700MB 左右，只能用于制作 Windows XP/Windows 2003 系统维护工具盘。

由于目前主流的操作系统为 Windows 7/Windows 8，其安装文件已达 3GB 左右，再加上必备的硬件驱动程序及硬盘分区、文件解压等工具软件，整个系统维护工具盘的容量无疑将达到 4GB 以上，所以建议选择 4.7GB 的 DVD 光盘作为存储介质。

2. 系统维护工具盘的功能与内容组成

1）系统维护工具盘的主要功能

（1）实现系统启动。这是系统维护工具盘的必备功能，由写入 U 盘或光盘引导区的特殊代码实现，其功能类似于硬盘主引导记录（MBR），主要负责操作系统的装载。系统启动代码不以文件形式存在，但可用某些工具软件提取出来以文件形式保存；而已保存为文件形式的启动代码，也可用这些工具软件写入 U 盘或光盘引导区。

当需要从系统维护工具盘进行系统启动时，应先进入计算机的 BIOS 设置界面，将第一引导设备（First Boot Device）设置为该 U 盘或光驱，然后保存设置并重启计算机。

（2）提供系统环境。为了方便进行系统安装和维护工作，系统维护工具盘应提供一个微型操作系统环境，它由系统内核文件、命令解释程序和接口界面等组成，通常被封装为映像文件放在 U 盘或光盘的特定位置，运行时载入内存中展开即进入相应的系统环境，用户可在其中运行系统安装和维护工具软件。常用的系统环境为 DOS 和 Windows PE。

① DOS（Disk Operating System，磁盘操作系统）：是 Microsoft 公司推出的 16 位实模式操作系统。它采用字符操作界面，其内核小巧、硬件要求低，运行速度快。在该系统环境中，用户可执行其内、外部命令或运行 DOS 版工具软件来完成系统安装及维护工作，如：分别用 fdisk 和 format 命令进行硬盘分区和格式化，以工具软件 Ghost 实现系统的备份与还原等。

② Windows PE（Windows PreInstallation Environment，Windows 预安装环境）：是 Microsoft 公司推出的带有限服务的最小 Win32/64 子系统，基于以保护模式运行的 Windows XP/Windows 2003/Windows Vista/Windows 7/Windows 8 内核，包括运行 Windows 安装程序及脚本，连接网络共享，自动化基本过程以及执行硬件验证所需的最小功能，是一个设计用于为 Windows 安装准备的计算机最小操作系统。与 DOS 相比，Windows PE 具有很多优点，如：支持 NTFS 文件系统，网络共享快速方便，可加载和访问 32/64 位驱动程序，支持运行 Win32/64 应用程序，支持 USB 等各种媒体，支持多线程多任务处理等。

Windows PE 的版本由其内核决定，目前已有分别基于 Windows XP/Windows 2003/Windows Vista/Windows 7/Windows 8 内核的 1.0/1.5/2.0/3.0/4.0 等多种版本，它们既可从 Microsoft 公司推出的 Windows OPK/Windows AIK 光盘（或其映像）中提取而来，也能用第三方工具软件从原版 Windows 系统安装文件制作得到。

Windows PE 可用于启动计算机，对硬盘分区和格式化，复制磁盘映像以及从网络共享启动 Windows 安装程序，当然还能运行 Win32/64 应用软件进行其他维护工作。

（3）安装操作系统。安装操作系统是系统维护工具盘的主要功能之一。将标准或映像方式的操作系统安装文件按特定的结构、位置和名称写入系统维护工具盘，可方便用户在系统瘫痪或新装计算机时进行操作系统的安装。系统安装过程可设计为两种不同的方式：

① 原版方式安装：用原版系统安装文件，按标准安装流程以人机交互方式进行操作系统安装，需要用户全程参与。该方式安装过程操作较烦琐，耗时较长，但所装系统运行稳定可靠。

② 无人值守安装：以完全自动的方式完成系统安装，整个过程无需用户干预。此方式可实现安装过程零操作，其具体方法有以下两种（用.GHO 映像文件所装系统的稳定性稍差）：

原版系统安装文件 + 自动应答文件：安装过程和结果与原版方式安装相同，区别是用自动应答文件代替了安装过程中的用户手工操作。

.GHO 映像文件 + 命令行方式带参数运行 Ghost 软件：安装速度快，耗时很短，但不能保证所装系统的可靠性和稳定性。

（4）安装驱动程序。这是系统维护工具盘的另一个重要功能。将计算机各硬件设备的驱动程序集成到系统维护工具盘中，为用户进行系统安装、重装和维护工作提供极大方便。

集成到系统维护工具盘中的驱动程序包可分为两类：其一是通用驱动程序（万能驱动程序）包，就是将当前有代表性的各类硬件设备的驱动程序搜集、整理、分类和组织起来，搭配通用的硬件检测和驱动安装程序，并将这些内容压缩打包即得。其优点是通用性强，安装简便，能够匹配当时的大多数计算机硬件设备；缺点则为体积臃肿，占用存储空间较多。其二为专用驱动程序包，仅包含少数型号硬件设备的驱动程序，只适用于某种特定配置的计算机，但其体积小，占用存储空间少，能够集成到容量较小的存储介质中。

系统维护工具盘中的驱动程序包有两种存放和安装方式：

① 系统整合：用工具软件将驱动程序整合到 Windows 系统安装文件中，则驱动程序可在系统安装过程中自动安装完成。

② 独立安装：将驱动程序单独放置，由用户在系统安装完成之后自行安装。

（5）运行工具软件。作为系统维护工具盘，当然应该能够非常方便地运行一些常用的工具软件，以便解决计算机系统安装和日常维护中的某些问题。按照重要程度可将这些工具软件分为两类：其一是必备工具，即在系统安装和维护工作中必须或经常使用的工具软件，如硬盘分区与格式化工具、系统备份与还原工具等；其二为可选工具，是在某些特定情况下使用的工具软件，如内存检测工具、硬盘检测与修复工具、CMOS 信息清除工具等。

根据运行环境也可将工具软件分为两类：

① DOS 版工具：是在 DOS 操作系统环境下运行的工具软件，通常将其与 DOS 系统文件一起封装成为磁盘映像，放在系统维护工具盘的特定位置，使用户能以最方便的方式运行。

② Windows 版工具：是在 Windows 操作系统环境下使用的工具软件，一般将所需的此类工具集合制作成工具包映像，在 Windows PE 中加载、运行。

2）系统维护工具盘的内容组成

根据功能要求，系统维护工具盘一般具有如图 10-1 所示的内容结构。

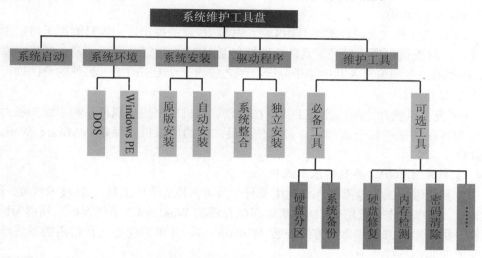

图 10-1　系统维护工具盘的内容组成

3. 制作系统维护工具盘的常用工具

1）硬件设施

制作 Windows 7/Windows 8 系统维护工具盘，若以光盘为存储介质，则必备的硬件设施为光盘刻录机和空白 DVD 光盘；如果用 U 盘作为存储介质，则建议选用主控芯片为 SMI（慧荣）或 Phison（群联）的 8GB U 盘。

提示：ADATA（威刚）的 S102 Pro 16GB U 盘采用 Innostor（银灿）主控芯片，USB 3.0接口，用于量产和制作启动盘皆有不错的表现，也可选为系统维护工具盘的存储介质。

2）软件工具

制作系统维护工具盘是一项技术性很强的工作。为了得到一张功能完善、使用方便的Windows 7/Windows 8 系统维护工具盘，我们不仅要有足够的耐心反复进行编辑、修改和测试，而且必须熟练掌握一系列相关工具软件的使用。按照功能的不同，可将这些软件工具分为以下几类：

（1）系统优化整合工具。这类工具的主要功能为在 Windows 系统安装文件中整合补丁和驱动程序，精简与优化 Windows 的系统组件，生成安装应答文件以及创建光盘映像文件等，常用的有 nLite、RT Seven Lite、DriverPacks Base 等。

（2）映像文件制作工具。该类工具主要用于编辑制作映像文件。系统维护工具盘中的映像文件可分两类:包含 DOS 工具软件的磁盘映像文件和含有 Windows 工具软件的 Windows PE 映像文件,其编辑制作工具互不相同。

① DOS 磁盘映像制作工具:常用的有 WinImage、Roadkils Disk Image 等。

② Windows PE 映像制作工具:主要有 PE Builder、Make_PE3、WinBuilder 等。

（3）引导菜单编辑工具。此类工具用于维护系统维护工具盘的引导扇区和编辑功能菜单。将系统引导代码写入系统维护工具盘的主引导扇区和分区引导扇区,使之能够顺利启动;以菜单方式直观列出主要功能,可使用户的操作变得简单而方便。常用的有 BOOTICE、EasyBoot 等。

（4）光盘（U 盘）编辑刻写工具。这类工具的主要功能为编辑系统维护工具盘的内容,创建映像文件（.iso 或.fba 类型）和刻写存储介质。常用的有 EasyBoot、UltraISO、FbinstTool、Nero Burning Rom 等。

（5）U 盘量产工具。该类工具由 U 盘主控芯片厂商推出,一般只能用于特定主控芯片的 U 盘量产,缺乏通用性。量产工具的主要功能是对 U 盘进行分区、加密、低格、修复,并可将.iso 类型的光盘映像写入其中某个分区,使之成为一个 USB-CD;另外的分区则可当作普通的独立 U 盘使用。

（6）虚拟机软件。利用此类工具可在物理计算机中创建虚拟机,利用虚拟机对系统维护工具盘的各项功能进行全面测试。目前使用最广泛的虚拟机软件是 VMware Workstation 和 Virtual PC。

4. 制作系统维护工具盘的基本流程

制作系统维护工具盘需要综合使用多种工具（主要是软件工具）,其技术性强,过程烦琐,耗时较长。现以制作一张用 DVD 光盘作存储介质的 Windows 7 系统维护工具盘为例,其目标是能够分别以原版方式和自动方式安装 Windows 7,并可方便地运行常用的系统维护工具软件。完整的制作流程如下:

1）确定功能结构

根据实际需要确定系统维护工具盘的各项功能,并以此为目标设计其结构和内容。

2）整合补丁驱动

Windows 的每一版本推出之后,Microsoft 公司都会多次为其发布补丁程序,以弥补漏洞,完善功能。利用系统优化集成工具 RT Seven Lite,可将系统补丁和硬件驱动程序整合到 Windows 7 的系统安装文件中,还能对系统进行精简、优化,从而减小其体积,加快安装、运行速度。

3）创建应答文件

如果以标准方式安装 Windows 7,则需进行一系列选择、输入、确认等操作,用户在整个安装过程中无法离开。为了实现安装过程的自动化（无人值守安装）,可以创建一个安装应答文件 Autounattend.xml,供 Windows 7 系统安装时自动读取。该文件的格式如图 10-2 所示。

创建 Autounattend.xml 文件的方法有两种:

（1）手工编辑。直接使用记事本之类的文本编辑器编写文件内容,但这不适合初学者。

（2）使用软件工具生成。采用软件工具以交互方式生成安装应答文件,这是普通用户能够掌握的方法。常用的软件工具为 Windows 系统映像管理器（MIS）和 RT Seven Lite,前者是 Microsoft 公司提供的配套工具,与 Windows 系统的融合程度毋庸置疑,但其应答文件设置过程颇为烦琐;后者属于第三方软件,其兼容性虽然令人怀疑,但无人值守设置操作非常简便。

这里介绍用 Windows MIS 创建 Windows 7 安装应答文件的基本步骤：

图 10-2　Windows 7 安装应答文件示例

① 将 Windows 7 安装光盘插入光驱，复制 sources\install_Windows 7 ULTIMATE.clg 文件（或用 UltraISO 打开 Windows 7 安装光盘映像文件（.iso），提取该文件）到硬盘的某位置（如 E:\）。

提示：install_Windows 7 ULTIMATE.clg 是 Windows 7 旗舰版的编录文件，其相邻位置即为其他版本的编录文件，可根据需要选择。

② 从 Microsoft 官网下载 Windows AIK（Windows Automated Installation Kit）并安装之；然后打开"开始"菜单，依次执行"所有程序"→Microsoft Windows AIK→"Windows 系统映像管理器"，打开 Windows System Image Manager 窗口。

③ 执行"文件"菜单的"选择 Windows 映像"命令（或右击"Windows 映像"窗格的"选择 Windows 映像或编录文件"，执行快捷菜单中的"选择 Windows 映像"命令），在弹出的对话框中选择 install_Windows 7 ULTIMATE.clg 文件，单击"打开"按钮，则 Windows 7 的组件模块结构出现在"Windows 映像"窗格。

④ 执行"文件"菜单的"新建应答文件"命令（或右击"应答文件"窗格的"创建或打开一个应答文件"，执行快捷菜单中的"新建应答文件"命令），则一个空白应答文件结构出现在"应答文件"窗格。此时整个 Windows SIM 窗口的格局与内容如图 10-3 所示。

图 10-3　Windows SIM 窗口布局与内容

提示：接下来的操作就是添加并设置应答文件的内容，即从"Windows 映像"窗格选择要设定的组件，将其传送到"应答文件"窗格中的对应配置阶段（Components 共分 7 个阶段），然后在"属性"窗格对传送过来的组件进行详细设定。

⑤ 在"Windows 映像"窗格中找到组件 x86_Microsoft-Windows-International-Core-WinPE 并单击之，执行快捷菜单中的"添加设置以传送 1 windowsPE（1）"命令，则该组件被添加到应答文件的 1 windowsPE 阶段之中；在"应答文件"窗格中展开 1 windowsPE，选中组件 x86_Microsoft-Windows-International-Core-WinPE_neutral，然后在"属性"窗格将 InputLocale、SystemLocale、UILanguage 和 UserLocale 的值皆设置为 zh-CN，如图 10-4 所示；同样将其下层组件 SetupUILanguage 的 UILanguage 属性值设为 zh-CN。

图 10-4　设置应答文件的组件属性

提示：组件名称的前缀 x86 表示 32 位，amd64 则表示 64 位；32 位版本的 Windows AIK 可以编辑 32/64 位映像，64 位版本的 Windows AIK 则只能编辑 64 位映像。

⑥ 重复步骤⑤，向应答文件中传送其他组件，并进行相关的属性设置。在步骤⑤已完成的基础上，还需要添加的组件及其属性设置内容如表 10-1 所示。

表 10-1　Windows 7 安装应答文件设置内容

配置阶段	组件	属性	设置值
1 windowsPE	Microsoft-Windows-Setup\ImageInstall\OSImage	InstallToAvailablePartition	false
		WillShowUI	OnError
	Microsoft-Windows-Setup\UserData	AcceptEula	true
		FullName	计算机名
		Organization	工作组名
	Microsoft-Windows-Setup\UserData\ProductKey	Key	写入空字符
		WillShowUI	OnError
4 specialize	Microsoft-Windows-Security-Licensing-SLC-UX	SkipAutoActivation	true
	Microsoft-Windows-Shell-Setup	ComputerName	计算机名称
		TimeZone	China Standard Time

配置阶段	组件	属性	设置值
7 oobeSystem	Microsoft-Windows-Shell-Setup\AutoLogon	Enabled	true
		LogonCount	1
		UserName	Administrator
	Microsoft-Windows-Shell-Setup\OOBE	SkipMachineOOBE	true

⑦ 完成表 10-1 所列的组件传送及其属性设置之后，执行"工具"菜单的"验证应答文件"命令（或单击工具栏中的对应按钮），则 Windows SIM 将对应答文件进行验证，并将结果显示到"消息"窗格的"验证"选项卡中。若发现有带红色感叹号标识的项目，则表明该属性设置有误，必须更正（带黄色感叹号标志的项目可忽略）。

⑧ 最后执行"文件"菜单的"保存应答文件"命令（或单击工具栏中的对应按钮），在"另存为"对话框中选择文件的保存位置，并将其命名为 Autounattend.xml，单击"保存"按钮。

4）制作磁盘映像

除了安装操作系统之外，还要使用系统维护工具盘进行各项准备和维护工作，这就必须运行相应的工具软件。为了方便使用，通常将这些工具软件及其运行环境（操作系统）封装在一起，制作成映像文件，在光盘启动菜单状态下执行。

映像文件是对磁盘（软盘、硬盘）或光盘的结构、格式与内容的完整模拟。映像文件展开后，会在计算机中生成模拟的磁盘或光盘，用户可以像使用真实的磁盘或光盘一样操作它。系统维护工具盘中的映像文件可分为三种：

（1）单个 DOS 工具磁盘映像。将某种工具软件及其运行所需的 DOS 系统核心文件封装到一起，并在其中放置一个在 DOS 系统启动后自动运行的批处理文件 AUTOEXEC.BAT，使映像文件执行后直接进入该工具软件界面，以方便不熟悉 DOS 命令的用户进行操作。该类映像文件的扩展名一般为.img 或.ima。

（2）DOS 工具箱。将多种工具软件、DOS 外部命令文件与 DOS 系统集成到一起，运行后通过自动执行 AUTOEXEC.BAT 文件在屏幕上显示一个菜单，将其中工具软件罗列出来。用户既可直接执行 DOS 的内、外部命令，也能根据菜单提示信息执行快捷命令（即.bat 文件名）进入相应工具软件的操作界面。这类映像文件中包含的内容很多，需要编辑在不同层次调用的多个批处理文件，制作过程较为复杂。比较省事的办法是从 Internet 下载（或从其他维护工具盘中提取）现成的 DOS 工具箱（如深山红叶、MAXDOS 等）映像，然后根据自己的实际需要对其进行修改。

（3）Windows PE 光盘映像。既提供一个 32/64 位的微型 Windows 系统环境，同时也集成一些用于系统安装和维护工作的 Win 32/64 工具软件，使用户能够在熟悉的 Windows 界面中进行系统安装和维护工作。此类映像文件也称为镜像文件，其扩展名为.iso。

标准的 Windows PE 是利用 Microsoft Windows OPK/AIK 光盘（或其映像）制作的，其中 Windows XP/Windows Server 2003 OPK（OEM 预安装工具包）对应于 Windows PE 1.0/Windows PE 1.5，而 Windows Vista/Windows 7/Windows 8 AIK 则可定制 Windows PE 2.0/Windows PE 3.0/Windows PE 4.0。但是，这种制作过程是用一系列命令实现的，产生的 Windows PE 体积较大，且其操作界面是命令窗口。这不仅对制作者和使用者有较高要求，也会占用较多的存储

空间。

操作较简单，并能生成图形用户界面的 Windows PE（或称之为 Super PE）制作方法有两种：

① 利用现成映像进行修改。

从 Internet 下载或从其他系统维护工具盘（或其映像文件）中提取与实际要求相近的 Windows PE 映像，将其打开分离出各部分内容，运用 UltraISO、WimTool、7-Zip 和 MakeCAB 等工具对其中内容进行修改，之后再封装成映像文件。

这种方法对制作者有两方面的要求：首先要分析原 Windows PE 映像的结构和文件打包技术，其次要熟练掌握多种工具软件的使用。因此，该方法适合具备一定技术水平的制作者采用。作为初学者，最简单的办法是找到一个完全符合要求的 Windows PE 映像，将其不加修改地集成到自己的系统维护工具盘中。

② 使用第三方工具软件制作。

最常用的 Windows PE 映像制作工具有两个：一个是 PE Builder，可制作基于 Windows XP/Windows Server 2003 的 BartPE；另一个为 WinBuilder，能够制作各种版本的 Windows PE。相比之下，前者操作简单，生成的 Windows PE 运行稳定，但其体积较大。目前流行的许多 Windows PE 都由 BartPE 改造而来；后者则是一个脚本运行器，操作过程较烦琐，且自身存在不少 Bug，但其功能强大，所得 Windows PE 体积较小，高水平用户可自编脚本而实现 Windows PE 的完全定制。

5）制作功能菜单

系统维护工具盘应该提供友好的用户界面和简便的操作方式，因此需要定制一个菜单系统，直观地罗列其主要功能，以对鼠标或键盘的简单操作即可执行所需的功能。

最常用的启动菜单制作工具是 EasyBoot，该软件不仅内置了引导管理器，还提供一个完整的多重功能菜单模板，可在图形界面中进行直观的增、删、改，从而快速生成符合自己要求的菜单系统。类似的工具软件还有 BOOTICE、FbinstTool 等。

6）设置启动管理

系统维护工具盘需要实现多重启动机制：首先，它必须具备开机启动功能；然后，当用户执行 Windows 系统安装或运行某个映像时，又要转入相应的引导过程。因此，系统维护工具盘必须选用兼容性好，支持多重启动的引导管理器，常用的有 Grub4Dos、BootMGR、SysLinux 等。

通常引导管理器由两部分组成，一部分是写入主引导扇区的启动代码，另一部分为放在磁盘分区的引导程序文件。此外，再按规则编辑一个启动菜单文件保存到引导分区，即可实现多重启动功能。在制作系统维护工具盘时，可借助于 BOOTICE 等工具来完成引导管理器的安装，其操作极为简便。

7）内容集成

根据系统维护工具盘的功能及引导管理器的实际要求，建立与之相应的目录结构，并将搜集、制作好的全部文件分门别类地放置在正确的位置。用工具软件 EasyBoot 和 UltraISO 来集成光盘内容比较方便，尤其前者在安装时已建立了如图 10-5 所示的默认光盘目录结构，在此基础上稍做修改即可满足系统维护工具盘的实际要求；而 U 盘内容集成的最佳工具则是 FbinstTool，它具备 U 盘映像的新建、编辑、生成和写入等全部功能。

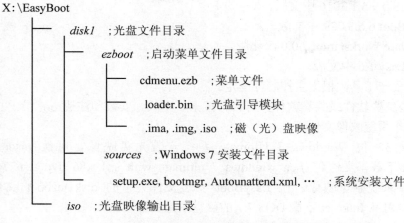

图 10-5　EasyBoot 建立的默认光盘目录结构

8）映像生成

完成系统维护工具盘的内容编辑和集成之后，即可将其生成.iso 格式的光盘映像或.fba 类型的 U 盘映像。UltraISO、EasyBoot、Nero Burning ROM、RT Seven Lite 等都提供光盘映像生成功能，而 FbinstTool 则是生成 U 盘映像的最佳选择。

9）功能测试

在刻写到存储介质之前，应先在虚拟机中加载系统维护工具盘映像，观察其能否正常启动进入菜单界面，并全面测试其各项功能是否正常可用。这样既可快速发现问题，及时修改，又能延长刻录机寿命，减少光盘损耗。目前广泛使用的虚拟机软件有 VMware Workstation、Virtual PC 等。

10）光盘（U 盘）刻写

在虚拟机中通过测试之后，就可以将系统维护工具盘映像刻写到存储介质了。通常使用 UltraISO、Nero Burning ROM 等软件进行光盘烧录；而借助于 UltraISO、FbinstTool 等工具将 U 盘制作成为 USB-HDD，或者用量产工具将光盘映像写入 U 盘使之成为 USB-CD。

10.4　实训指导

1. 准备工作

1）硬件准备

（1）带 DVD 刻录机的计算机若干。

（2）容量为 4.7GB 的 DVD 空白光盘若干。

（3）容量为 8GB 的 U 盘（主控芯片为 Phison、SMI 或 Innostor）数个。

2）软件准备

（1）用于制作系统维护工具盘的工具软件。

① RT Seven Lite 2.6.0 多语言版。

② 7-Zip 9.20 中文版。

③ WinImage 9.0 简体中文汉化版。

④ WinBuilder [082]英文版。

⑤ UltraISO 9.6.1.3016 中文版。

⑥ EasyBoot 6.5.3.729 中文版。

⑦ VMware Workstation 7.0.0 汉化版。

⑧ ChipEasy 1.6 中文版。

⑨ U 盘量产工具，根据主控芯片确定。

这些都是免费软件或共享软件，可自行搜索、下载、安装和注册。

（2）操作系统映像文件。

① 原版 32 位 Windows 7 Ultimate 系统安装光盘映像。可从 msdn.itellyou.cn 或 msdn.ez58.net/下载，文件名为 cn_windows_7_ultimate_with_sp1_x86_dvd_u_677486.iso。

② DOS 系统磁盘映像。在 EasyBoot 安装文件夹下的 disk1\ezboot 文件夹中已存在 dos98.img；也可从 Internet 下载 DOS 7.1 的磁盘映像文件。

（3）集成到系统维护工具盘中的软件。

① 实训计算机的主板控制芯片组、显卡、声卡、网卡等硬件的驱动程序包。

② DiskGenius 4.5.0 DOS 版软盘映像和 DiskGenius 4.5.0 Pro Windows 单文件版。

③ Symantec Ghost 11.5 DOS 版和 Windows 版（文件名分别为 ghost.exe 和 ghost32.exe）。

④ 需要集成到系统维护工具盘中的其他工具软件。

2. 操作过程

1）确定功能结构

为了简单易行，节省时间，设定系统维护工具盘包含下述几项功能：

（1）安装 Windows 7 系统。要求以标准方式（非.GHO 映像还原）、全自动安装 Windows 7，因此必须将 Windows 7 系统安装文件按原版的结构置于系统维护工具盘中，并在其中整合硬件驱动程序和加入应答文件。

（2）运行硬盘分区软件。要求用该盘启动后可从其菜单界面执行 DiskGenius 4.5.0 DOS 版，所以应将该软件的所有文件与 DOS 系统核心文件一起封装为磁盘映像文件，在光盘启动菜单界面运行。

（3）提供 Windows PE 环境。要求将 Windows 版的 DiskGenius 4.5.0 Pro 和 Symantec Ghost 11.5 封装到 Windows PE 映像中，并能在进入 Windows PE 环境后方便地运行它们。可以选用 Microsoft 或第三方公司的软件制作 Windows PE；也可从 Internet 或其他系统维护工具盘中获取现成的 Windows PE，对其进行适当修改（删除其中的无用软件，添加必备的 Windows 版工具软件等）后重新封装。

（4）进行系统备份/还原。要求能在该盘启动后从其菜单界面调用 Ghost 11.5 DOS 版，故需将其与 DOS 系统一起制作成磁盘映像文件。

（5）启动硬盘操作系统。要求能从该盘启动后的菜单界面实现硬盘 Windows 系统的启动，并将其设置为默认执行的菜单项。在系统安装和维护过程中，这可为用户的工作带来不少方便。

（6）重新启动计算机。该功能为用户提供一个以软件方式重新启动计算机的快捷操作。

根据上述功能设计结果，可绘制系统维护工具盘的功能结构图，如图 10-6 所示。

2）整合补丁驱动

（1）用 UltraISO 打开映像文件 cn_windows_7_ultimate_with_sp1_x86_dvd_u_677486.iso，提取（亦可用 WinRAR 或 7-Zip 解压缩）其中全部内容到磁盘分区的文件夹（如 H:\Win7）

中，如图 10-7、图 10-8 所示。

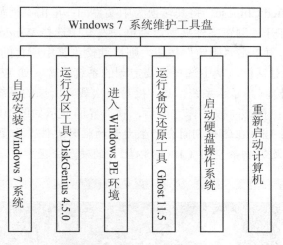

图 10-6　系统维护工具盘的功能结构

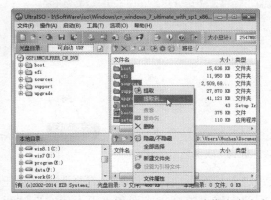

图 10-7　用 UltraISO 提取 Windows 7 映像光盘内容

图 10-8　Windows 7 系统安装文件

（2）将需要整合的主板控制芯片组、显示卡、声卡和网卡等硬件驱动程序分别解压到磁盘文件夹，并将其全部放置于同一个上级文件夹（如 H:\Drivers）中，如图 10-9 所示；注意务必得到.inf、.sys、.dll 等类型的驱动程序文件，如图 10-10 所示。

图 10-9　各硬件驱动程序文件夹

图 10-10　解包后的驱动程序文件

提示：硬件驱动程序通常分为 32 位（x86）和 64 位（x64）版本，分别对应于 32 位和 64 位的 Windows 7 安装使用，两者不可混淆。

（3）安装并运行 RT Seven Lite，首先在"起始页面"的 Settings 区域选择界面语言（UI Language）为 Simplified Chinese，将其转换为中文界面；单击"浏览"按钮，在下拉列表中单击 Select OS Path，打开"浏览文件夹"对话框，在其中选择 Windows 7 系统安装文件所在的文件夹（H:\Win7），再单击"确定"按钮，则自动检测其中所含的 Windows 系统版本，并弹出"操作系统列表"对话框，从中选择想要定制的系统映像（如 Windows 7 Ultimate），单击"确定"按钮，即可检测并显示系统信息，接着依次载入所选的系统映像，获取信息，设置系统环境和加载安装包；待该阶段工作完成后，软件界面显示如图 10-11 所示。

提示：RT Seven Lite 在运行期间会产生大量的临时文件，需要占用较大的硬盘空间，因此应将其安装到拥有足够剩余空间（10GB 以上）的硬盘分区中。

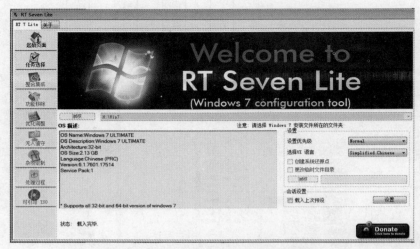

图 10-11   加载 Windows 7 映像之后的状态

（4）在左边单击"任务选择"导航按钮进入相应页面，根据实际需要选择定制任务。这里要求实现 Windows 7 系统的自动安装，因此应将"整合集成"和"无人值守"这两个复选框选中，如图 10-12 所示。

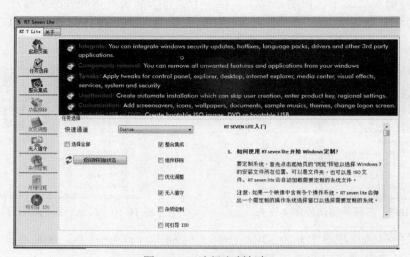

图 10-12   选择定制任务

（5）单击"整合集成"导航按钮进入相应页面，切换到"驱动程序"选项卡，单击"添加多个驱动程序"按钮，打开"浏览文件夹"对话框；选择驱动程序所在的顶层文件夹（H:\Drivers），单击"确定"按钮，弹出"选择驱动器"对话框，其中列出了含有.inf文件的所有子文件夹；选中列表中的全部项目，再单击"确定"按钮，则所有驱动程序的详细信息被添加到列表中；选中并右击以白色背景显示的驱动项目，在快捷菜单中执行 Install image 命令，如图 10-13 所示。

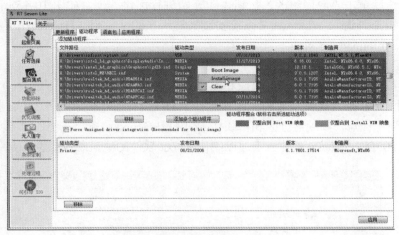

图 10-13　整合驱动程序

3）创建应答文件

（1）在 RT Seven Lite 中完成驱动程序整合设置后，单击"无人值守"导航按钮进入相应页面；在"常规"选项卡中，选中"用户数据"区的"跳过序列号"、"跳过自动激活"、"接受 EULA"和"安装时选择此版本"复选框，并选择语言为 zh-CN；在"计算机名/域/工作组设置"区中，输入全名、计算机名和组织名称；选中"自动登录"区的"跳过用户创建"复选框，并保持"Administrator 密码"为空，"登录次数"为 1。如图 10-14 所示。

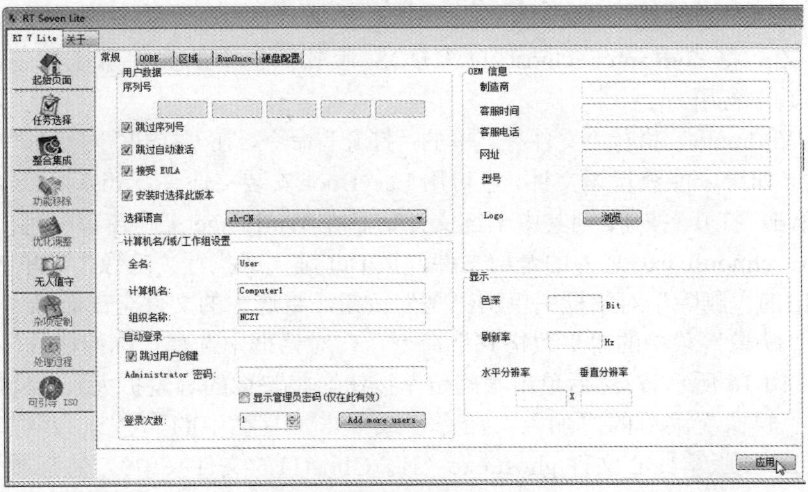

图 10-14　设置无人值守选项

（2）切换到 OOBE 选项卡，选择"网络位置"为 Home 或 Work，"保护计算机"为 Default，选中"隐藏 EULA 页面"、"OOBE 中隐藏无线设置"和"跳过用户 OOBE"复选框。

（3）切换到"区域"选项卡，先单击选择"指定"单选项，然后选择"键盘布局或输入法"为 Chinese(Simplified)-US Keyboard，"货币和日期格式"为 Chinese(PRC)，"时区"为（UTC+08:00）、"系统 UI 语言"为 zh-CN。

（4）设置完毕之后单击"应用"按钮，即进入"处理过程"页面；选择"仅重建当前映像"单选项，然后单击"应用更改"按钮，即开始进行优化处理，如图 10-15 所示；完成后单击"结束"按钮，再进入 Windows 7 系统安装文件所在的文件夹（H:\Win7），应发现其中产生了应答文件 Autounattend.xml。

4）制作磁盘映像

这里仅介绍单个 DOS 工具磁盘映像和 Windows PE 光盘映像的制作过程。

（1）单个 DOS 工具磁盘映像的制作。运行于 DOS 环境的系统维护工具通常具有体积小、速度快、功能强等优点，如硬盘分区和格式化工具 DiskGenius、系统备份还原工具 Ghost、硬盘检测修复工具 HDD Regenerator 等。下面以制作 Ghost 软件的磁盘映像为例，介绍其操作步骤：

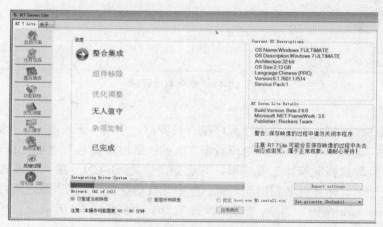

图 10-15　优化处理过程

① 用 7-Zip 将 Symantec Ghost 11.5 DOS 版软件包中的文件解压到磁盘文件夹（如 H:\Ghost11.5）中备用。

② 运行 WinImage，执行"文件"菜单的"打开"命令，在"打开"对话框中选择 DOS 7.1 磁盘映像文件（如果未能获得该文件，也可用 EasyBoot 安装文件夹下 disk1\ezboot 文件夹中的 dos98.img），单击"打开"按钮，则其中全部文件信息在 WinImage 工作窗口中列出；选中 io.sys、command.com、ctmouse.exe 之外的全部文件，按 Del 键（或执行"映像"菜单的"删除文件"命令），在弹出的"删除"对话框中单击"是"按钮，将选中的文件全部删除。

③ 执行"映像"菜单的"更改格式"命令，在对话框中选择"标准格式"下的 2.88MB 单选项（如图 10-16 所示），然后单击"确定"按钮，将映像的容量扩大到 2.88MB。

④ 执行"映像"菜单的"加入"命令（或单击工具栏中的 按钮），在对话框中选择 Ghost 11.5 的 DOS 版本核心文件 ghost.exe（H:\Ghost11.5 文件夹中），然后单击"打开"按钮，并在弹出的确认框中单击"是"按钮，则 DOS 版 Ghost 11.5 的程序文件被加入到映像中。

⑤ 用 Windows 记事本输入如下语句：

```
@echo off
set expand=yes
set dircmd=/o:n
cls
set temp=c:\
set tmp=c:\
path=a:\
ctmouse.exe >nul
Ghost.exe -fro -crcignore
```

保存上述内容为文件 AUTOEXEC.BAT，并将其加入映像中，最后全部文件如图 10-17 所示。

图 10-16　更改映像格式

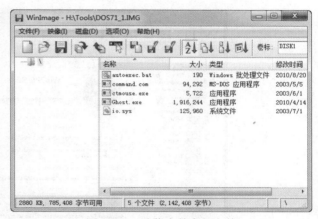

图 10-17　映像中的全部文件

提示：AUTOEXEC.BAT 文件是 DOS 操作系统的自动批处理文件，会在 DOS 启动成功后自动执行。就该映像而言，上述最后一行是关键语句，因为 Ghost.exe 即 Symantec Ghost 11.5 DOS 版的主程序文件，将它写在 AUTOEXEC.BAT 文件中，可使该软件随 DOS 系统的启动而自动运行；其他语句的作用为设置环境变量、临时目录和文件路径等，其具体含义请参考相关资料。

⑥ 执行“文件”菜单的“保存”命令（或单击工具栏中的 ■ 按钮），将映像以指定的路径和文件名（如 H:\Tools\Ghost115. ima）保存备用。

⑦ DiskGenius 4.5.0 DOS 版磁盘映像可直接从官网下载，可将其更名为 DGDOS450.img，与 Ghost115. ima 放置于同一文件夹（H:\Tools）中备用。

（2）Windows PE 光盘映像的制作。

① 将原版 Windows 7 系统光盘镜像的全部内容提取到磁盘文件夹（如 H:\Win7SP1）中，或将其加载到虚拟光驱；进入 sources 文件夹，用 7-Zip 分别提取文件 boot.wim 中的文件夹 2 和 install.wim 中的文件夹 5 到磁盘的指定位置（如 H:\2 和 H:\5）。

② 运行 WinBuilder，在右下角的工程下载站点列表中选中 w7pese.cwcodes.net，若本机能正常连接到 Internet，即可单击左下角的 Download 按钮，开始下载 Win7PE 工程文件；完成后

即在窗口左侧显示该工程的导航区，右边则为设置区，如图 10-18 所示。

③ 在导航区选中 Win7PE SE，在设置区上方单击 Source 按钮，然后在 Work Directories 选项卡中准确指定 Source Directory（Windows 7 源文件目录），Target Directory（脚本目录）和 ISO file（映像文件保存位置）则可保持默认设置。

④ 在导航区选中 Main Configuration，在设置区上方单击 Script 按钮，然后设置 Boot Manager（启动管理器）为 Standard、Wpeinit run mode（PE 系统初始化模式）为 none，其他选项则保持默认设置，再单击 Save 按钮；在导航区选择 Images Configuration，然后选中 Use your extracted wim folders（使用已解压的.wim 文件夹）复选框，并正确指定 Extracted BootWim（已解压的 Boot.wim）和 Extracted InstallWim（已解压的 Install.wim）的位置（H:\2 和 H:\5），其余选项均保持默认设置；完成后先单击▶按钮验证是否有错，确认无误则单击 Save/Get Wim Info 按钮保存。

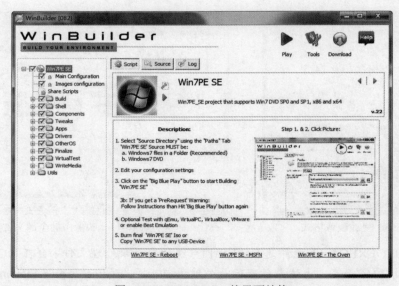

图 10-18　WinBuilder 的界面结构

⑤ 在导航区展开 Build，选择其下的 Retrieve Tools，在设置区单击 Script 按钮，然后选中 Installed WAIK（已安装 WAIK）复选框；在导航区选择 1-Copy Files，清除 Windows Recovery Environment（Windows 恢复环境）复选框；在导航区选择 2-Shell & Config，设置 FBWF cache size（WinPE RAM 盘的容量）为 128MB；在导航区选中 6-Common files（公共文件），清除 9-Autorun（自动运行）复选框。

⑥ 在导航区展开 Shell，选择其下的 0-Shell Swapper TimeOut，设置 Set PE Shell Timeout（Shell 显示时间）为 0；在导航区选择 1-Explorer Shell，选中 Set as default shell in PE Shell（默认 PE 外壳）和 Enable ShutDown Button（显示关闭按钮）复选框。

⑦ 在导航区展开 Components，选中其下的 HwPnP、MMC、MSI Installer、PENetwork 和 MS Visual C++ Runtimes（2005/2008）；展开 Tweaks，选中其下的 Wallpaper 和 Control Panel Display & Aero。

⑧ 在导航区依次展开 Apps→File Tasks→Compression→7-Zip File Manager（7-Zip 文件管

理器)，设置其 Language(语言)为 Chinese Simplified；展开 Drivers，选中其下的 USB 3.0 Support。

⑨ 在导航区展开 Finalize，选择其下的 Optimizations，清除 Add FireWall Enable and Disable Shortcuts（增加防火墙并禁止快捷方式）；在导航区选取 TrimDownPE，在设置区选中 Reduce-Rewrite Hive files（整理注册表）、Remove DISM-servicing files（移除 DISM 工具）和 Reduce-resources with Reshacker（减小源文件体积）；在导航区选取 3-PostConfig，设置其 Compression（压缩算法）为 maximum。

⑩ 在导航区选中 Finalize 下的 4-Create ISO，然后单击窗口顶端的▶按钮，即开始进行 Win7PE 的处理制作过程，如图 10-19 所示；完成后即在 WinBuilder 的子文件夹 ISO 中得到名 为 Win7PE_x86.ISO 的 Windows 7 PE 光盘映像，将其复制到 H:\Tools 中更名为 Win7PE.ISO 备用。

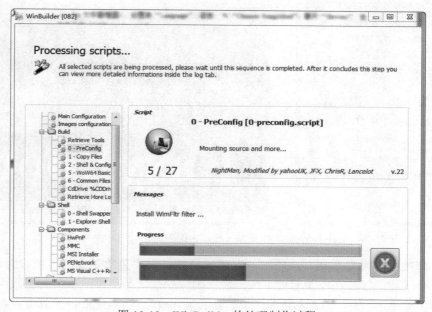

图 10-19   WinBuilder 的处理制作过程

5）制作功能菜单

设已将 EasyBoot 安装到 E:\EasyBoot，则按如下步骤制作功能菜单：

（1）进入 E:\EasyBoot\disk1\ezboot，观察软件提供的光盘启动文件：loader.bin 是光盘 启动模块，default.ezb 和 bootmenu.ezb 是菜单模板文件，.bmp 文件为启动界面的背景图像，dos98.img 是 Windows 98 启动软盘映像，winpe.iso 为 Windows PE 映像，如图 10-20 所示。

（2）在 E:\EasyBoot\disk1 中建文件夹 Myboot（可任意命名），用于存放系统维护工具 盘的启动菜单文件(也可直接对 ezboot 文件夹及其中文件进行整理、删改，但这会影响 EasyBoot 安装文件夹的原有结构)；将 ezboot 中的文件 default.ezb、ebback.bmp 和 loader.bin 复制到 Myboot 中，如图 10-21 所示。

（3）双击 F:\EasyBoot\disk1\Myboot 中的 default.ezb 文件，EasyBoot 将自动运行并载入 该菜单模板，显示其控制面板和预览窗口，如图 10-22 所示。

图 10-20　EasyBoot 提供的光盘启动文件

图 10-21　系统维护工具盘的初始启动文件

图 10-22　EasyBoot 的工作界面（左边为控制面板，右边是预览窗口）

（4）切换到"屏幕布局"选项卡，对照预览窗口观察菜单界面的区域设置，可见菜单屏幕包括 5 个区域，按其在控制面板下部列表中的顺序依次为菜单阴影区、标题区、菜单区、状态栏和操作提示区。在菜单区域中原有 4 个菜单条，但我们的系统维护工具盘具有 6 项功能，因此需要扩展菜单区域和菜单阴影区域的大小，其操作方法为：

在列表中选择区域 1（菜单阴影区），可见其左上角坐标、右下角坐标分别为（118, 165）、（291, 450），将前者的行值减小为 80，后者的行值增加到 329；再选择区域 3（菜单区），可见其左上角、右下角坐标分别为（112, 159）、（284, 444），将前者的行值减小为 74，后者的行值增加到 322。由此菜单区和菜单阴影区在垂直方向增加 76，水平方向保持不变，如图 10-23 所示。

（5）切换到"文本显示"选项卡，对照预览窗口进行文本设置。这里的"文本"是指在菜单屏幕上显示的非菜单项信息。在当前模板中已经设置了 2 行文本：标题和操作提示。其中，操作提示可以保持不变，但标题应进行修改：在控制面板下部的列表中选择文本 2（标题），将"文本内容"框中的预置内容"Windows 7/PE/DOS 3 合 1 启动盘"删除，输入"Windows 7 系统维护工具盘"。

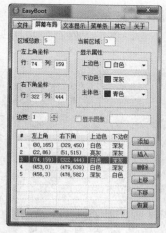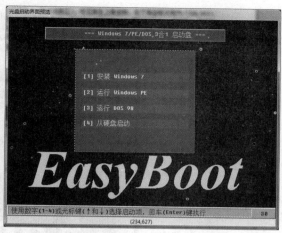

图 10-23　修改后的屏幕布局

（6）切换到"菜单条"选项卡，对照预览窗口进行菜单条修改。这是整个菜单制作工作的重点，包括如下几个方面：

① 绘制菜单条。模板本身包括 4 个菜单条，最好直接在其上下两端各添加 1 个菜单条，以保持原有布局且简化操作。在右下角的列表中选择菜单条 1 之后，单击"插入"按钮，则原有菜单条依次下移，新增的菜单条位于最前面（序号为 1），将其左上角、右下角坐标分别改为（92，175）、（112，429）；再选择菜单条 5，单击"添加"按钮，则在列表的最后新增菜单条 6，将其左上角、右下角坐标分别改为（282，175）、（302，429）。

② 设置菜单条颜色与快捷键。选择菜单条 2，记住其 4 个颜色属性，然后分别选择菜单条 1 和菜单条 6，将其颜色属性设置为与菜单条 2 相同；再依次选择各菜单条，将其快捷键分别设置为"1"、"2"、"3"、"4"、"5"、"0"。

提示：这里将两个新增菜单条设置为与模板相同，其目的是为了简化操作。用户尽可以按照自己的喜好设置菜单条的颜色与快捷键。

③ 编辑菜单标题。根据系统维护工具盘的功能结构（见图 10-6），可确定与之相应的各菜单条标题。先从列表中选择菜单条 1，在上部的"菜单文本"编辑框中输入"[1] 自动安装 Windows 7"，然后，用相同的操作分别将菜单条 2~6 的菜单标题依次设置为"[2] 运行磁盘精灵 DiskGenius 4.5"、"[3] 进入 Windows 7 PE 系统环境"、"[4] 运行备份/还原工具 Ghost 11.5"、"[5] 启动硬盘操作系统"、"[0] 重新启动计算机"。光盘启动菜单界面的最终效果如图 10-24 所示。

6）设置启动管理

EasyBoot 自带启动管理器 loader.bin，它既可执行特定的命令也能装载其他引导模块，从而实现各菜单条所对应的功能。根据系统维护工具盘的功能结构，可确定其启动管理设置如下：

（1）准备启动模块和磁盘映像。

① Windows 7 系统安装光盘的引导模块。

在系统维护工具盘的启动菜单界面实现原版 Windows 7 的安装功能，只需以命令方式运行 Windows 7 安装光盘的引导模块即可。光盘中的引导模块是不可见的，但可用工具软件提取出来并保存为文件。其操作很简单：用 UltraISO 将原版 Windows 7 安装光盘（或其映像）

打开，执行"启动"菜单下的"保存引导文件"命令，如图 10-25 所示；在弹出的"提取引导文件"对话框中选择路径并指定文件名（如 H:\win7boot.bif），单击"保存"按钮即可。

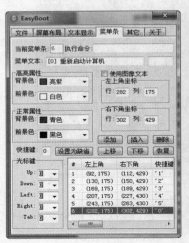

图 10-24　光盘启动菜单界面的最终效果

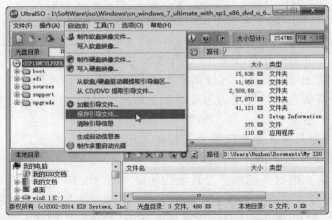

图 10-25　在 UltraISO 中提取 Windows 7 光盘引导代码

② DOS 版 DiskGenius 4.5.0、Symantec Ghost 11.5 磁盘映像和 Windows 7 PE 光盘镜像

即已制作完成并存放于 H:\Tools 的 Ghost115.ima、DGDOS450.img 和 Win7PE.ISO 文件，将它们与 Windows 7 安装光盘引导模块文件 win7boot.bif 都复制到 E:\EasyBoot\disk1\Myboot 中，则该文件夹中的全部文件如图 10-26 所示。

（2）输入菜单命令。

切换到 EasyBoot 控制面板的"菜单条"选项卡，在列表中选择菜单条 1，在上部的"执行命令"文本框中输入：run win7boot.bif

其中的 run 是命令关键字，其功能为执行命令，引导模块文件磁盘映像或光盘映像；win7boot.bif 即被执行的引导模块文件。

接下来，依次选择菜单条 2～6 并分别输入如下命令：

run DGDOS450.img

```
run  Win7PE. ISO
run  Ghost115. ima
boot  80
reboot
```

（3）选择菜单条 5，单击"设置为缺省"按钮，其作用为：从系统维护工具盘启动进入菜单界面后，若用户在设定的等待时间内未进行任何操作，将自动执行该菜单条的对应命令，使得系统安装和维护工作更加方便。

图 10-26 启动菜单文件夹中的全部文件

（4）切换到"文件"选项卡，建议将"等待时间"修改为 15 秒，清除"显示 Logo"复选框，并将"快捷键操作方式"选择为"直接执行命令"；若想替换背景图片，则需另外准备尺寸为 640 像素×480 像素的 256 色非压缩位图（. BMP 格式）文件，将其复制到 E:\EasyBoot\disk1\Myboot 中，并在"背景图像"文本框中输入该图像文件名。

（5）切换到"其他"选项卡，根据自己的喜好对功能键、进度条和倒计时等项目进行设置。最后回到"文件"选项卡，先单击"保存"按钮，再单击"退出"按钮结束此阶段工作。

7）内容集成

（1）进入已整合驱动程序的 Windows 7 系统安装文件夹（H:\Win7），将其中全部内容复制到 E:\EasyBoot\disk1 中。

（2）将制作好的应答文件 Autounattend.xml 复制到 E:\EasyBoot\disk1 中。

（3）在 E:\EasyBoot\disk1 中自建文件夹，放入需要的工具软件和应用软件。

（4）暂时将 ezboot 文件夹移至其他位置（如 D:\），待光盘映像生成后再移回。

8）映像生成

（1）进入 E:\EasyBoot\disk1\Myboot 文件夹，双击 default.ezb 文件打开 EasyBoot 工作界面；在"文件"选项卡单击"制作 ISO"按钮，打开"制作 ISO"对话框。

（2）选中"优化光盘文件"复选框，可使相同内容的文件在光盘上只存储 1 次，减少存储空间的占用；选中 Joliet 复选框，可保持文件名大小写，同时支持最多 64 个字符的长文件名。

（3）选中"设置文件日期"复选框，并在其下拉列表中选择日期和时间，可将光盘上所有文件的日期和时间变为设定值，使制作出来的光盘更显专业水平。

（4）选中"隐藏启动文件夹"和"隐藏启动文件夹下的所有文件"复选框，则启动文件夹及其中所有文件在 Windows 资源管理器和 DOS dir/a 命令下不显示。

（5）在"CD 卷标"文本框中输入光盘名称（如 Win7_Tools）；在"ISO 文件"文本框中输入映像文件的保存路径及名称（如 E:\EasyBoot\iso\Win7_Tools.iso），或单击其后的"..."按钮，在"设置输出 ISO 文件"对话框中选择、输入之后单击"保存"按钮。各选项的设置结果如图 10-27 所示。

（6）单击"制作"按钮，EasyBoot 开始处理进程，

图 10-27 设置制作 ISO 的选项

完成之后即得光盘映像文件。

9）功能测试

（1）新建虚拟机。

① 运行 VMware Workstation，执行菜单命令"文件"→"新建"→"虚拟机"（或单击"起始页"中的"新建虚拟机"按钮），打开"新建虚拟机向导"对话框；选择"标准（推荐）"单选项，单击"下一步"按钮，进入"安装客户机操作系统"界面；选择"我以后再安装操作系统"单选项，再单击"下一步"按钮，进入"选择一个客户机操作系统"界面。

提示：采用"标准（推荐）"方式创建虚拟机的优点是配置步骤少，快速简单，但其虚拟硬盘是 IDE 接口类型，与目前主流的 SATA 接口硬件相差较大。要解决这个问题，应该选用"自定义（高级）"方式创建虚拟机，并在进行到"选择磁盘类型"时选择 SCSI。

② 选择"客户机操作系统"为 Microsoft Windows，版本为 Windows 7，如图 10-28 所示；单击"下一步"按钮进入"命名虚拟机"界面，输入虚拟机名称（如 VPC-1）及其文件保存路径（如 M:\），如图 10-29 所示。

③ 单击"下一步"按钮，在"指定磁盘容量"界面，选择"最大磁盘大小"为 40GB，并选中"单个文件存储虚拟磁盘"单选项，如图 10-30 所示；单击"下一步"按钮，进入"准备创建虚拟机"界面，将显示该虚拟机的完整配置信息，如图 10-31 所示。最后单击"完成"按钮，即可快速创建并自动打开虚拟机 VPC-1。

图 10-28　选择客户机操作系统　　　　　图 10-29　设置虚拟机文件的保存路径

（2）在虚拟机中设置光盘映像启动。

① 运行 VMware Workstation，执行"虚拟机"菜单中的"设置"命令（或在 VPC-1 页面的"设备"列表中双击 CD/DVD(IDE)），打开"虚拟机设置"对话框；选择设备列表中的 CD/DVD(IDE)，在"连接"功能区中选中"使用 ISO 镜像文件"选项，再单击"浏览"按钮打开"浏览 ISO 镜像"对话框；选择系统维护工具盘映像文件（E:\EasyBoot\iso\Win7_Tools.iso），单击"确定"按钮，则该光盘映像被载入虚拟机光驱，如图 10-32 所示。

② 执行菜单命令"虚拟机"→"电源"→"打开电源到 BIOS"，进入虚拟机的 BIOS 设置界面；按→键进入 Boot 菜单界面，用-/+键改变启动设备顺序，使 CD-ROM Drive 成为第一启动设备，如图 10-33 所示；然后按 F10 键保存 BIOS 设置，虚拟机将自动重启进入系统维护工具盘的功能菜单界面，如图 10-34 所示。

图 10-30　设置虚拟机的磁盘容量

图 10-31　虚拟机的完整配置信息

图 10-32　将光盘映像载入虚拟机光驱

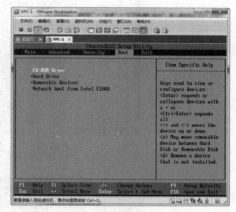

图 10-33　设置虚拟机的第一启动设备为光驱

图 10-34　系统维护工具盘映像的启动菜单界面

（3）在虚拟机中测试光盘的功能。

① 客户机由系统维护工具盘映像启动进入菜单界面后，首先执行菜单项"[2] 运行磁盘精灵 DiskGenius 4.5"，在虚拟机中进行硬盘分区操作，测试该软件能否正常使用，其运行界

面如图 10-35 所示。

② 再执行菜单项"[1] 自动安装 Windows 7",测试该项功能能否按预期正常完成,其运行界面如图 10-36 所示。

③ 测试其余各项功能是否完全正常,若发现问题则进行相应修改,重新制作映像进行测试。

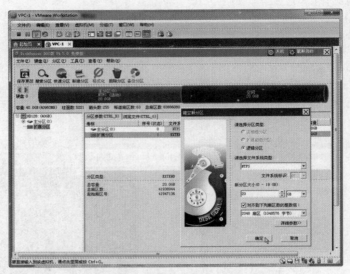

图 10-35   在虚拟机中运行 DiskGenius

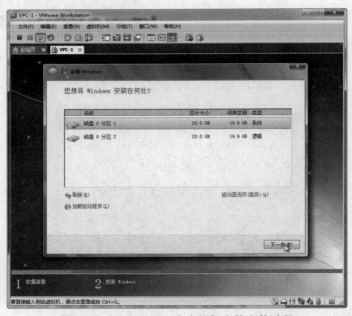

图 10-36   Windows 7 在虚拟机中的安装过程

10)光盘（U 盘）刻写

系统维护工具盘映像在虚拟机中测试通过后,既可烧录到 DVD 光盘上,也能写入 U 盘中。后者还有两种选择:一是量产到 U 盘,使 U 盘成为 USB-DVD;二是直接写入 U 盘的隐藏分区，将 U 盘做成 USB-HDD。

（1）烧录到 DVD 光盘。

① 运行 UltraISO，执行"工具"菜单的"刻录光盘映像"命令（或单击工具栏中的按钮）打开"刻录光盘映像"对话框；选择刻录机（若计算机中有多台）、写入速度（建议不超过 16X，否则可能增加出错率）和写入方式（一般选择"光盘一次写入"）；单击"映像文件"框后的"…"按钮，弹出"打开 ISO 文件"对话框，从中选择系统维护工具盘镜像文件（E:\EasyBoot\iso\Win7_Tools.iso）后，单击"打开"按钮。

② 将 DVD 空白光盘放入 DVD 刻录机，单击"刻录"按钮，即开始将映像文件内容刻录到光盘，如图 10-37 所示；在刻录过程中，刻录机的指示灯会不停闪烁，等待 10 分钟左右即可完成。

图 10-37　刻录光盘映像的工作界面

③ 重启计算机进入 BIOS 设置界面，将光驱设置为第一启动设备，保存设置并放入系统维护工具盘启动；然后全面测试该工具盘在计算机中的实际使用情况，若发现功能缺陷或其他问题，则参照前面的相应步骤进行修改。

（2）量产到 U 盘。

① 将 U 盘插入计算机的 USB 接口，运行 ChipEasy（芯片无忧），可立即检测出 U 盘的品牌、型号、容量、主控芯片和闪存芯片等信息，如图 10-38 所示。由检测结果可知，U 盘的品牌为 Kingston（金士顿），型号是 DT 101 G2，容量为 8GB，主控芯片为 Phison（群联）PS2251-61，闪存芯片为 Toshiba（东芝）TLC。

② 访问 U 盘量产网（www.upantool.com）、U 盘之家（www.upan.cc）等专业网站，根据检测所得主控芯片型号搜索、下载对应的 U 盘量产工具。由于 U 盘采用的主控芯片为 PS2251-61，因此可从 U 盘量产网下载群联简易量产工具 ModeConverter 1.0.1.5，这是一个免费的中文版绿色软件，解压缩后即可直接运行。

③ 运行 ModeConverter 1.0.1.5，打开其工作窗口；首先单击顶部的"查找驱动器"按钮，令其搜索计算机中的 U 盘，并将盘符显示在"驱动器"文本框中。

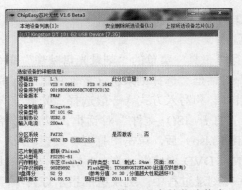

图 10-38　ChipEasy 检测 U 盘的芯片信息

④ 单击选择"分区数量"为 2，其意为将 U 盘分为两个分区（公共分区和安全分区）；在"公共分区设置"区中选中 CD-ROM，单击"镜像"框后的"…"按钮弹出"打开"对话框，从中选择系统维护工具盘映像文件（E:\EasyBoot\iso\Win7_Tools.iso）后，单击"打开"按钮，则显示映像文件的完整路径及其容量。

⑤ 拖动"安全分区"和"公共分区"之间的滑动块（或直接在文本框中输入），使公共分区的容量略大于映像文件的容量，即可单击"转换"按钮开始进行量产；弹出如图 10-39 所示的对话框时，拔出 U 盘后重新插入，等待重新正确识别（顶端的"驱动器"文本框中重新显示 U 盘的盘符）后，单击对话框中的"确定"按钮，使量产过程继续进行，如图 10-40 所示。

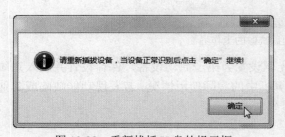

图 10-39　重新拔插 U 盘的提示框

图 10-40　U 盘量产设置及工作过程

⑥ 量产完成之后，在弹出的消息框中单击"确定"按钮；打开"计算机"窗口，即可看到 U 盘已被分成一个"CD 驱动器"和一个"可移动磁盘"。

⑦ 插入 U 盘到计算机的 USB 接口，重启至 BIOS 设置界面，将 USB-CD 设置为第一启动设备，保存设置并重启计算机；然后测试 USB-CD 的各项功能是否与预期相符。

提示：量产工具必须支持 U 盘的主控芯片型号，否则可能量产失败并导致 U 盘无法使用。不同量产工具的参数设置和量产过程有很大区别，应该先认真学习相关教程，从中吸取经验教训，然后再尝试动手操作。

（3）写入 U 盘的隐藏分区。

① 运行 UltraISO，执行"文件"菜单的"打开"命令（或单击工具栏中的 按钮），弹

出"打开 ISO 文件"对话框，从中选择系统维护工具盘映像文件后单击"打开"按钮，则显示出映像中的全部内容。

② 执行"启动"菜单的"写入硬盘映像"命令打开相应对话框，在"硬盘驱动器"下拉列表中准确选定 U 盘，从"写入方式"下拉列表中选择 USB-HDD+ v2，再选择"隐藏启动分区"模式为"深度隐藏"；单击"写入"按钮，弹出如图 10-41 所示的提示框，单击"是"按钮即开始将映像内容写入 U 盘，如图 10-42 所示；等待 10 分钟左右即可完成写入。

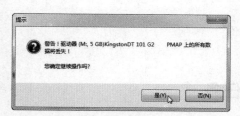

图 10-41　U 盘原有数据将会丢失的警告信息

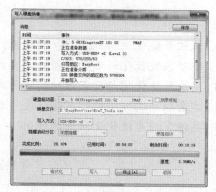

图 10-42　映像内容写入 U 盘的过程

③ 用所得 USB-HDD 启动计算机，并测试其各项功能。

10.5　思考与练习

1. 系统维护工具盘通常应该提供哪些功能？画出其功能结构图。

2. 简述制作系统维护工具盘的基本流程。

3. 对于配置 SATA 接口硬盘，且将其设置为 AHCI 模式的计算机，使用原版 Windows XP 系统安装盘进行系统安装会出现什么问题？如何解决？

4. 如何实现 Windows XP 的无人值守安装？

5. 欲在系统维护工具盘的启动菜单界面运行 DOS 版本的 Ghost 软件，需要做些什么？

6. 应该进行哪些设置，才能实现虚拟机从系统维护工具盘的映像文件启动？

项目实训 11　系统优化与日常维护

11.1　实训目标

1. 认识系统优化与日常维护的作用；
2. 明确系统优化与日常维护的主要内容；
3. 熟悉系统优化与日常维护的常用方法；
4. 学会以手工方法进行系统优化与日常维护操作；
5. 熟练掌握系统优化软件的使用。

11.2　实训任务

1. 硬件性能的优化；
2. Windows 系统的优化；
3. 硬件的日常维护；
4. 磁盘文件优化与维护；
5. 系统安全维护。

11.3　相关知识

1. 系统优化与日常维护概述

1）系统优化与日常维护的作用

系统优化是通过对计算机硬件和软件的设置、处理操作，使硬件设备的潜能得到充分发挥，软件的运行过程得到切实改善，从而在一定程度上提高系统性能；日常维护则是定期对计算机硬件和软件进行常规保养、清理操作，确保系统有一个干净、安全的运行环境，从而保持稳定、高效的运行状态。

系统优化的目标是改善系统性能，日常维护的目的则是保持系统稳定，两者在很多时候是相互结合、难以区分的。如垃圾清理和碎片整理等操作，既可起到优化系统运行性能的作用，同时也是日常维护的重要内容。所以，专业的系统优化软件一般都提供了日常维护功能。

2）系统优化与日常维护的主要内容

计算机由硬件系统与软件系统两部分构成，因此系统优化与日常维护工作也涉及硬件与软件两个方面，但两者各有侧重。系统优化重在软件，并以操作系统的优化为主；日常维护则着眼于硬件的定期保养，辅之以垃圾清理等操作。

（1）系统优化的主要内容。

① 硬件优化：CPU 超频、内存优化和显卡超频等。

② 软件优化：系统启动加速、系统功能优化、系统分区与系统文件优化、系统界面优化、内存使用优化、网络优化设置等。

（2）日常维护的主要内容。

① 硬件保养：计算机主机内、外各部件的清洁与养护。

② 软件维护：磁盘文件清理、插件清理、注册表清理、木马查杀等。

③ 环境维护：温度、湿度、洁净度、电源等环境条件的维护。

3）系统优化与日常维护的常用方法

① 手工方法：用手工方式调整硬件参数或对操作系统进行某些设置，甚至编写程序（批处理文件）来达到系统优化和维护目的。通常手工操作法每次只能进行单个项目的优化或维护，因此较为烦琐、费时，而且对操作水平有一定要求。

② 软件方法：专业的优化维护软件功能全面、操作简单，能够方便、高效地完成各项优化、维护任务，特别适合于水平有限、缺乏经验的用户使用。常用的系统优化维护软件有魔方电脑大师、超级兔子、Wise Disk Cleaner、Wise Registry Cleaner、金山卫士、360 安全卫士等。

2. 硬件性能优化

硬件性能优化最常用的手段是超频。即通过硬件参数的适当调整使其工作在高于额定频率的状态，从而带来系统运行性能的提升，但超频过度可能会导致硬件的永久损坏。由于计算机系统的性能主要取决于 CPU、内存和显示卡，所以硬件性能优化主要针对它们进行。

1）CPU 超频

由于 CPU 的工作频率=外频×倍频系数，因此 CPU 超频可以通过提高 CPU 的外频和倍频系数来实现，但增大倍频系数对 CPU 性能的提升不如提高外频显著。

目前大部分 CPU 都被生产厂商锁定了倍频系数，只能通过提高外频的方式来超频。但 Intel 和 AMD 专为超频推出的 K 系列 CPU（如 Intel I5 4670K、AMD A10 6800K 等）未锁定倍频系数，它们既可提高外频，也能增加倍频系数，因而具有更大的超频潜力。

（1）CPU 超频成功的条件。

从理论上讲，所有 CPU 都有一定的超频空间。但从实际效果来看，超频需要达到较大的幅度才能带来系统性能的明显提升。若想成功实现较大幅度的 CPU 超频，则需要多种高质量硬件的有效配合。实践表明，下列条件与 CPU 超频的幅度与成功率有密切关系：

① CPU 自身的"体质"。不同型号、不同版本的 CPU 可超性不同，如 AMD 公司的黑盒版 CPU 超频能力明显强于普通版；不同周期生产的同型号 CPU 可超性也不同，这可从处理器编号上体现出来。此外，制作工艺先进、内核电压较低、倍频系数较小的 CPU 可超性较好。

② 主板。主板是超频的利器，所以有的厂商专门推出了一些"超频主板"（如华硕公司的"玩家国度"系列产品）。这些主板设计完善、用料充足、制作精良，不仅提供了全面、详细、操作简易的相关硬件参数设置界面，而且在超频失败时还能自动将相关参数恢复为出厂默认值。

③ 内存。内存的工作频率会随 CPU 外频的提升而增高，所以配备一组能在更高频率下稳定工作的优质内存也是提高超频成功率的重要因素。

④ 散热效果。温度对 CPU 超频有决定性的影响，因此为其配备一个强劲的散热器是必须的。安装 CPU 时，在其核心与散热器之间均匀地涂抹一层薄薄的导热硅脂也很重要，这样有利于 CPU 更好地散热。

⑤ CPU 和内存的核心工作电压。适当增加电压能够增强超频后的运行稳定性，进而提高

超频的幅度和成功率。但必须按照少量、分次的原则逐步增加电压，并将总的增加幅度限制在很小的范围，否则可能会导致硬件损坏的严重后果。

（2）CPU超频的方法。

CPU超频方法主要有硬件设置和软件设置两种，目前普遍采用硬件设置法。

① 硬件设置法。在计算机发展的不同时期，超频所用的硬件设置方法也不相同。早期一般采用对主板跳线或DIP开关设定的方式来进行超频。在这些跳线和DIP开关的附近通常印有一些表格，标明跳线和DIP开关组合定义的功能。在关机状态下，可以按照表格中的内容进行频率设定；重新开机后，如果计算机正常启动并稳定运行就说明超频成功。

目前主要通过BIOS设置实现超频。开机进入计算机的BIOS设置界面后，一般可在CPU参数设置界面中，进行CPU的外频、倍频系数和电压设定。如果超频后计算机无法正常启动，只要通过主板上的跳线设置（或拨动主板后端的CMOS状态开关，按一下主板上的BIOS还原按钮）将BIOS参数还原到出厂值，计算机就可恢复正常。图11-1、图11-2分别是某计算机主板BIOS中的CPU外频和内核电压设置界面。

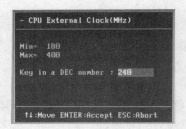

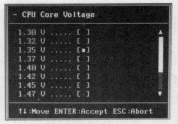

图11-1　某机的CPU外频设置界面　　　　图11-2　某机的CPU内核电压设置界面

②软件设置法。软件设置法也称为软超频，其原理为通过软件向主板的PLL芯片（时钟发生器）发送指令以改变系统总线频率，从而实现CPU的超频。与硬件设置法不同的是，用软超频方法设定的频率在计算机重启或关机后会复原。因此，如果担心掌握不好超频幅度而造成硬件损坏，则可先用软超频方法尝试进行不同幅度的超频，待有把握时再采用硬件设置法一次性超频到位。

超频软件比BIOS设置界面简洁，操作也更方便。超频软件包括两类：一类是主板厂商开发的专用于自家产品的超频软件，如技嘉公司的EasyTune6、微星公司的OverClocking Center；另一类则是由第三方公司推出的通用超频软件，常见的有SetFSB、SpeedFan、ClockGen等。但是软超频的实用性不强，因为软件始终没有硬件更新快，超频软件经常不能识别主板的PLL芯片，所以软超频方法通常无法应用于较新的主板。

2）内存优化

内存优化可以从三方面着手：

（1）组建双通道内存。目前主流的主板控制芯片组都能支持双通道甚至三通道内存，而双通道内存的性能比单通道高10%。目前内存价格非常低廉，我们完全可以为计算机配置两条相同的内存条来组建双通道内存，只是在安装时应注意将两条内存条插接到不同通道的插槽（大多数主板中相同颜色的内存插槽即为不同通道）中。

（2）内存超频。内存超频一般不用专门操作。因为CPU外频即系统总线频率，它通常与前端总线、内存频率紧密关联。所以只要提高CPU外频，前端总线和内存频率也会随之增高。

（3）调整内存性能参数。内存有 4 个重要参数 CL、tRCD、tRP 和 tRAS，它们与内存性能有直接关系，其值越小越好。可在 BIOS 设置界面调整这 4 个参数，如图 11-3 所示。调整结果则可在 Windows 系统环境中用 CPU-Z 等软件查看，如图 11-4 所示。

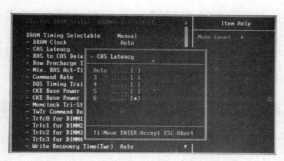

图 11-3　某主板 BIOS 的内存参数设置界面

图 11-4　用 CPU-Z 查看内存参数

3）显卡超频

显卡超频通常就是提高显示芯片核心频率和显存频率。其中，显存频率与显存的时钟周期紧密相关，显存的时钟周期越低，可达到的频率就越高。

显示卡超频方法也包括硬件设置和软件设置两种，目前多数用户采用软件设置方法。

（1）硬件设置法。一般 N 卡用 NVIDIA BIOS Editor，A 卡用 Radeon BIOS Editor 对 BIOS 进行编辑，将核心频率和显存频率等参数修改为需要值，再用 nvflash 或 atiflash 刷新显卡的 BIOS。由此可见，硬件设置法技术要求高，操作难度大，但若超频成功，则可永久有效。

（2）软件设置法。显卡超频软件也包括两类：一类是显卡厂商或显示芯片厂商推出的专用超频软件，如技嘉的 OC Guru、镭风的 Vision Control Center、英伟达的 nTune；另一类是第三方公司开发的通用显卡超频软件，如 Magic Panel HD、EVGA Precision、MSI AfterBurner、nVidia Inspector 等。

显卡超频软件大都能够对显卡的核心频率、显存频率、核心电压和风扇转速进行调节，有的还加入了状态监控窗口和显卡 BIOS 写入功能。此类软件通常界面直观，操作方便，但会占用一定的系统资源。图 11-5 是 MSI AfterBurner 的设置界面。

图 11-5　MSI AfterBurner 的显卡参数设置界面

3. Windows 系统优化

1）系统启动优化

（1）系统引导菜单优化。若在同一计算机上正确安装了多个操作系统（如 Windows 7 和 Windows 8.1 双系统），则启动时会显示多系统引导菜单，其默认等待时间为 30 秒。可通过如下操作将此等待时间缩短：

① 右击桌面上"计算机"图标，在快捷菜单中执行"属性"命令，打开"系统"窗口；在任务区中单击"高级系统设置"，打开"系统属性"对话框，如图 11-6 所示。

② 单击"启动和故障恢复"区域中的"设置"按钮，打开"启动和故障恢复"对话框，将"显示操作系统列表的时间"更改为较小的值，如图 11-7 所示。

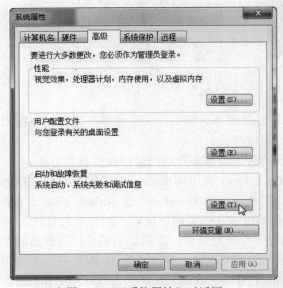

图 11-6　"系统属性"对话框

图 11-7　"启动和故障恢复"对话框

（2）系统启动过程优化。

① 禁止部分启动项。

Windows 提供了一个系统配置程序，利用它可以禁止一些不必要的启动项，这样可以减少系统进入桌面状态的等待时间，从而解决某些启动缓慢或者死机故障。操作步骤为：

执行"开始"→"所有程序"→"附件"→"运行"命令，在"运行"对话框中输入 msconfig，单击"确定"按钮，如图 11-8 所示。

在"系统配置"对话框中切换到"启动"选项卡，根据需要在列表框中取消对某些启动项的选择，单击"确定"按钮，如图 11-9 所示。

② 关闭"快速启动"组。

Windows 任务栏中的"快速启动"组是为了方便、快捷地启动某些常用软件而设置的。如果"快速启动"组中的快捷图标太多，则会对系统启动速度产生明显的影响，因此应该减少其中的快捷图标或关闭整个"快速启动"组。其操作方法为：右击任务栏中程序启动图标，在快捷菜单中执行"将此程序从任务栏解锁"，如图 11-10 所示。

图 11-8 "运行"对话框

图 11-9 "系统配置"对话框

2）系统功能优化

（1）禁用系统还原。Windows 的系统还原功能可以为用户自动备份一些重要内容，但它会消耗大量的系统资源和硬盘存储空间。用户可根据自身需要，关闭该功能。其操作步骤如下：

图 11-10 从任务栏解锁程序

① 右击桌面上"计算机"图标，执行快捷菜单中的"属性"命令打开"系统"窗口；单击"系统保护"，进入"系统属性"对话框的"系统保护"选项卡。

② 选中已打开保护的磁盘分区，单击"配置"按钮，打开相应对话框，选中"关闭系统保护"单选项，再单击"确定"按钮，如图 11-11 所示。

（2）关闭休眠功能。在 Windows 系统环境中进入休眠状态时，会将内存中的全部内容临时保存到硬盘，然后切断所有硬件设备的电源。从休眠状态恢复时，则将临时保存到硬盘的内容读取到内存，使计算机处于正常工作状态。因此，休眠功能会耗费较大的硬盘空间。若不常用休眠功能，则可将其关闭。其操作方法为：

右击桌面空白处，执行快捷菜单中的"个性化"命令，打开"个性化"窗口；单击"屏幕保护程序"，打开"屏幕保护程序设置"对话框，再单击"更改电源设置"，打开"电源选项"窗口；单击"更改计算机睡眠时间"，打开"编辑计划设置"窗口，再单击"更改高级电源设置"，打开"电源选项"对话框，展开"睡眠"下的"在此时间后休眠"列表项，在"设置（分钟）"文本框内选择或输入"从不"，如图 11-12 所示。最后单击"确定"按钮。

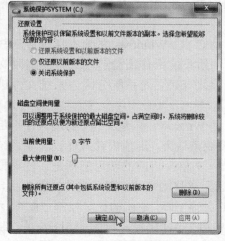

图 11-11 设置禁用系统还原

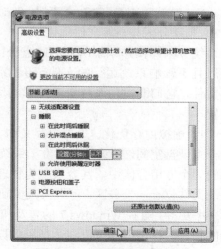

图 11-12 设置关闭休眠功能

（3）禁止启动不常用的服务。Windows 系统启动时会自动加载很多服务，但其中有些既非系统必须，也不是用户需要的。加载这些服务会占用系统资源，并严重影响系统的启动速度，因此可以禁用它们。其操作步骤：

① 右击桌面上"计算机"图标，执行快捷菜单中的"管理"命令，打开"计算机管理"窗口。

在左边的控制台树中单击"服务和应用程序"下的"服务"，则右边窗格列出目前在系统中运行的所有服务程序，如图 11-13 所示。

② 右击欲禁用的服务程序，执行快捷菜单中的"属性"命令，打开对话框，在"启动类型"列表中选择"手动"或"已禁用"，单击"停止"按钮，如图 11-14 所示。最后单击"确定"按钮。

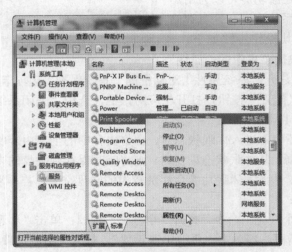

图 11-13　Windows 系统服务列表

图 11-14　设置服务的启动方式

提示：建议设置为手动方式或禁用的服务包括 Clipbook Server、Messenger、Printer Spooler、Error Reporting Service、Fast User Switching Compatibility、Automatic Updates、Net Login、Network DDE、Network DDE DSDM、NT LM Security Support、Remote Registry、Task Scheduler 等。

3）系统分区与系统文件优化

系统分区即操作系统所在的磁盘分区，通常就是 C 盘。Windows 系统本身包含一些对用户无用且不影响系统运行的文件，随着系统的运行和用户的操作还会产生大量的临时文件和垃圾文件，它们既占用系统资源又影响运行速度，因此有必要对系统分区与系统文件进行优化设置。

（1）虚拟内存优化。虚拟内存又称页面文件，是 Windows 系统为弥补物理内存不足而设置的一个硬盘空间，默认情况下位于系统分区。传统观点认为，虚拟内存最好设置在系统分区之外的一个专用分区中，其容量应为物理内存的 1.5～3 倍。目前的新思想则是：使虚拟内存与系统文件位于同一分区，可大大减少硬盘磁头的远距离移动定位，因而文件读取更快，系统运行效率更高；随着 Windows 7 的普及和内存价格的大幅下降，主流的计算机都已配置了 4GB 以上的物理内存，因而可以完全禁用虚拟内存。一些用于 3D 建模、玩大型 3D 游戏、制作大幅图片的计算机，或收到系统内存不足警告的，才需要酌情设置虚拟内存，其容量一般以

128MB～1GB 为宜。其操作步骤为：

① 打开"系统属性"对话框，切换到"高级"选项卡，单击"性能"区域中的"设置"按钮，打开"性能选项"对话框。切换到"高级"选项卡，单击"虚拟内存"区域中的"更改"按钮（如图 11-15 所示）打开"虚拟内存"对话框，显示出虚拟内存的当前设置状况。

② 首先取消"自动管理所有驱动器的分页文件大小"复选框，然后：

若要禁用虚拟内存，则先在上面的"驱动器 [卷标]"列表中选择虚拟内存所在分区，并选中"无分页文件"单选项，再单击"设置"按钮；

若想将虚拟内存设置到另外的分区，则应先选择虚拟内存原来所在分区，将其设置为无页面文件，再选择新的硬盘分区，选中"自定义大小"单选项，并在"初始大小"和"最大值"文本框中输入合适的值，然后单击"设置"按钮；

如果只更改虚拟内存的容量，则直接修改"初始大小"和"最大值"（如 256 和 1024）并单击"设置"按钮即可，如图 11-16 所示。

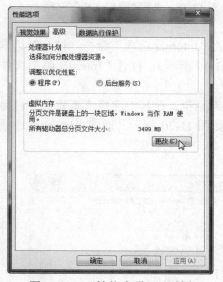

图 11-15　"性能选项"对话框

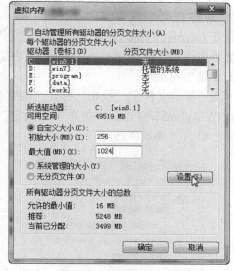

图 11-16　设置虚拟内存

③ 最后单击"确定"按钮，在弹出的对话框中再单击"确定"按钮，计算机将自动重启。

（2）转移"我的文档"、IE 临时文件夹和用户临时文件夹

默认情况下，Windows 将用户的个人文件存放于"我的文档"，它与 IE 临时文件、用户临时文件都存储在操作系统所在的磁盘分区中。这些文件数量众多，读写频繁，时间稍长必然产生大量碎片和垃圾，严重影响系统的启动和运行速度，因此最好将其转移到非系统分区。其操作如下：

① 转移"我的文档"。

在"开始"菜单或桌面上打开与用户同名的个人文件夹，右击其中"我的文档"图标，并执行快捷菜单中的"属性"命令；在"我的文档 属性"对话框中切换到"位置"选项卡，再单击"移动"按钮，如图 11-17 所示。

在"选择一个目标"对话框中，选择或新建一个目标文件夹（如 I:\ MyDocuments），再单

击"选择文件夹"按钮,如图 11-18 所示。返回"我的文档 属性"对话框后,单击"确定"按钮。

图 11-17　"我的文档 属性"对话框

图 11-18　设置"我的文档"位置

② 转移 IE 临时文件夹。

打开 Internet Explorer 窗口,执行"工具"菜单的"Internet 选项"命令,打开对话框,在"浏览历史记录"区域中单击"设置"按钮(如图 11-19 所示),打开"Internet 临时文件和历史记录设置"对话框。

单击"移动文件夹"按钮,打开"浏览文件夹"对话框,在其中选择或新建一个目标文件夹(如 I:\ MyInternetFiles),再单击"确定"按钮,如图 11-20 所示。返回"Internet 选项"对话框后,单击"确定"按钮。

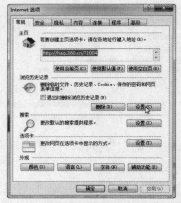

图 11-19　"Internet 选项"对话框

图 11-20　设置 IE 临时文件夹位置

③ 转移用户临时文件夹。

右击桌面上"计算机"图标,执行快捷菜单中的"属性"命令,打开"系统"窗口;单击"高级系统设置",进入"系统属性"对话框的"高级"选项卡;单击"启动和故障恢复"区域中的"环境变量"按钮;打开"环境变量"对话框后,选择"×××的用户变量"列表中的 TEMP,再单击"编辑"按钮(如图 11-21 所示),打开的"编辑用户变量"对话框。

在"变量值"文本框中输入用户临时文件夹的新位置(如 I:\MyTemp),再单击"确定"按钮,如图 11-22 所示。

图 11-21　"环境变量"对话框

图 11-22　设置用户临时文件夹位置

（3）删除不用的输入法。Windows 7 自身带有多种输入法，对应的文件放置在系统分区的 Windows\ime 和 Windows\system32\ime 文件夹中。其中的日文输入法、韩文输入法、繁体输入法等，国内用户几乎从不使用，因此可以删除它们。操作方法为：

① 在任务栏中右击输入法图标，执行快捷菜单中的"设置"命令，打开"文字服务和输入语言"对话框，在"已安装的服务"列表中选择欲删除的输入法，单击"删除"按钮，如图 11-23 所示。

② 进入 Windows\ime 和 Windows\system32\ime 文件夹，删除对应的文件，如图 11-24 所示。

图 11-23　删除不用的输入法

图 11-24　删除对应的输入法文件

提示：文件夹 IMEJP10、imekr8、IMETC10 中分别为日文输入法、韩文输入法和繁体中文输入法的相关文件，可全部删除。

（4）删除系统垃圾文件。Windows 系统安装后本身包括一些无用文件，而且随着系统及应用软件的运行会不断产生垃圾文件，它们都会影响系统运行速度。因此，应该找到并删除这些垃圾文件。操作如下：

① 查看系统文件和隐藏文件。

系统中的很多无用文件以"系统"或"隐藏"属性存在，如下设置可使其显示出来：

打开"计算机"窗口，执行"工具"菜单中的"文件夹选项"命令，打开"文件夹选项"对话框；切换到"查看"选项卡，清除"隐藏受保护的操作系统文件（推荐）"复选框，会弹出"警告"对话框，单击"是"按钮即可，如图 11-25 所示。

选中"显示隐藏的文件、文件夹和驱动器"，再单击"确定"按钮，如图 11-26 所示。

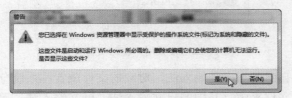

图 11-25 "警告"对话框　　　　　　　　图 11-26 设置"文件夹选项"

② 直接删除系统中的无用文件。

可以从 Windows 系统文件夹（C:\WINDOWS\）中直接删除下列文件：

Temp 文件夹中的所有文件（操作产生的临时文件）；

Downloaded Program Files 文件夹中的所有文件（程序安装文件）；

IME 和 System32\IME 文件夹中不用的输入法文件；

ServicePackFiles 文件夹中的所有文件（安装 SP 补丁包后的备份文件）；

SoftwareDistribution\Download 文件夹中的所有文件；

Prefetch 文件夹中的所有文件（预读文件）。

可以从用户文件夹（C:\Users\用户名\）中直接删除下列文件：

AppData\Local\Temp 文件夹中的所有文件（临时文件）；

Cookies 文件夹中除 index 之外的所有文件；

AppData\Local\Microsoft\Windows\Temporary Internet Files 文件夹中的所有文件（网页文件）；

AppData\Local\Microsoft\Windows\History 文件夹中的所有文件（历史记录文件）；

Recent 文件夹中的所有文件（最近浏览文件的快捷方式）。

运行 sfc.exe /purgecache 命令，可清除 Windows 缓存文件。

③ 搜索并删除垃圾文件

通常以文件的扩展名判断其是否是垃圾文件，常见的有*.??、*.chk、*.fts、*.tmp、*.old、*.xlk、*.bak、*.diz、*.$$$、*.@@@、*.gid、*.log 等。可用如下两种方法搜索并删除：

第一种，手工操作法。

打开"计算机"窗口，先在左边的导航窗格中单击选择搜索范围，然后在搜索栏中输入文件名或其关键字（如*.log），即可自动开始搜索匹配文件，如图 11-27 所示。搜索结束后，选择并删除全部结果文件。

第二种，程序自动法。

用记事本输入如下内容并保存为一个.bat 文件，需要清除垃圾文件时，双击运行该文件即可。

echo 正在清除垃圾文件，请稍等 ……

```
del /f /s /q %systemdrive%\*.tmp
del /f /s /q %systemdrive%\*._mp
del /f /s /q %systemdrive%\*.log
del /f /s /q %systemdrive%\*.gid
del /f /s /q %systemdrive%\*.chk
del /f /s /q %systemdrive%\*.old
del /f /s /q %systemdrive%\recycled\*.*
del /f /s /q %windir%\*.bak
del /f /s /q %windir%\prefetch\*.*
rd /s /q %windir%\temp & md %windir%\temp
del /f /q %userprofile%\COOKIES s\*.*
del /f /q %userprofile%\recent\*.*
del /f /s /q %userprofile%\Local Settings\Temporary Internet Files\*.*
del /f /s /q %userprofile%\Local Settings\Temp\*.*
del /f /s /q %userprofile%\recent\*.*
sfc /purgecache
defrag %systemdrive% -b
echo 垃圾清除完成!
echo. & exit
```

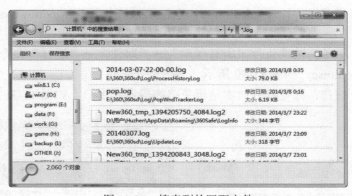

图 11-27   搜索到的匹配文件

4）系统性能优化

Windows 7 比以前版本的界面更加华丽,但这是以牺牲系统性能为代价的。为了让它运行得更快、更稳定,可以对相关设置进行优化。相应操作为:

（1）右击桌面上"计算机"图标,执行快捷菜单中的"属性"命令,打开"系统"窗口;单击"高级系统设置",进入"系统属性"对话框的"高级"选项卡;单击"性能"区域中的"设置"按钮,打开"性能选项"对话框;切换到"视觉效果"选项卡,选中"调整为最佳性能"单选项,如图 11-28 所示。

（2）切换到"高级"选项卡,在"处理器计划"区域中选择"程序"单选项,最后单击"确定"按钮,如图 11-29 所示。

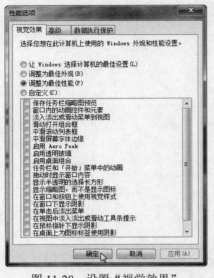
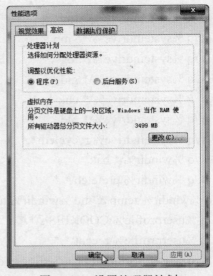

图 11-28　设置"视觉效果"　　　　图 11-29　设置处理器计划

5）利用组策略优化系统

组策略是管理员为计算机和用户定义并控制系统、程序、网络资源、Windows 组件的主要工具。组策略设置定义了系统管理员用于管理用户桌面环境的多种组件，它能通过修改注册表对系统的各种特殊属性进行设置，从而达到优化系统的目的。

（1）打开"本地组策略编辑器"窗口。组策略设置工作在"本地组策略编辑器"窗口中进行，打开该窗口需要运行程序 gpedit.msc，它位于系统分区的 windows\system32\文件夹中。操作方法为：

打开"开始"菜单，依次执行"所有程序"→"附件"→"运行"命令，然后在"运行"对话框中输入 gpedit.msc，如图 11-30 所示。

单击"确定"按钮，即可打开"本地组策略编辑器"窗口，如图 11-31 所示。

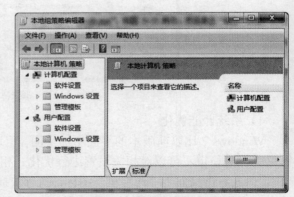

图 11-30　运行 gpedit.msc 程序　　　　图 11-31　"本地组策略编辑器"窗口

（2）系统优化设置。

① 优化"开始"菜单。

在"本地组策略编辑器"窗口左边的控制台树中，依次展开"用户配置"→"管理模块"

→"'开始'菜单和任务栏"分支，然后在右边的列表中找到欲优化的项目（如：从「开始」菜单中删除"音乐"图标）并双击之，如图 11-32 所示。

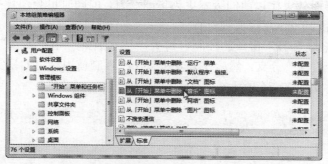

图 11-32 用组策略删除"开始"菜单中的"音乐"图标

在弹出的对话框中，选择"已启用"单选项，再单击"确定"按钮，如图 11-33 所示。

提示：该分支中可优化的项目较多，如"删除「开始」菜单项目上的'气球提示'"、"不保留最近打开文档的历史"、"将'运行'命令添加到「开始」菜单"、"隐藏通知区域"等。

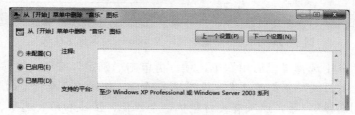

图 11-33 启用已设置的组策略

② 禁用注册表编辑器。

Regedit.exe 是 Windows 提供的注册表编辑器，若使用不当会导致运行故障，可用如下方法禁用：

在"本地组策略编辑器"窗口的控制台树中，依次展开"用户配置"→"管理模块"→"系统"分支，然后在列表中找到"阻止访问注册表编辑工具"并双击，如图 11-34 所示。

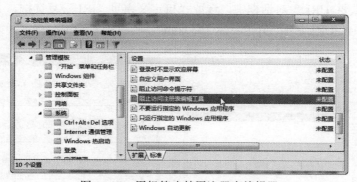

图 11-34 用组策略禁用注册表编辑器

在弹出的对话框中选择"已启用"单选项，再单击"确定"按钮，可参照图 11-33。

提示：在"系统"分支中，还可设置"自定义用户界面"、"阻止访问命令提示符"、"不要运行指定的 Windows 应用程序" 等项目。

③ 强制使用 Windows 经典视觉样式。

Windows 7 的界面效果比以前的版本更为华丽炫目，但同时也会消耗更多的系统资源，可以如下方法强制使用 Windows 经典视觉样式：

在"本地组策略编辑器"窗口的控制台树中，依次展开"用户配置"→"管理模块"→"控制面板"→"个性化"分支，然后在列表中双击"强制使用特定的视觉样式文件或强制使用 Windows 经典"，如图 11-35 所示。

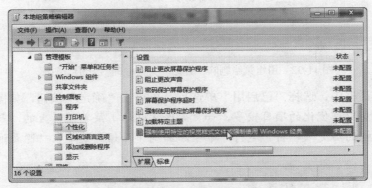

图 11-35 用组策略强制使用 Windows 经典视觉样式

在弹出的对话框中选择"已启用"单选项，再单击"确定"按钮，可参照图 11-33。

提示：在"控制面板"分支可以优化设置很多项目，包括"隐藏指定的'控制面板'项"、"禁止访问'控制面板'"等，以及有关打印机、个性化、区域和语言选项、添加或删除程序的项目。

（3）网络优化设置。

① 自定义 IE 主页。

在"本地组策略编辑器"窗口的控制台树中，依次展开"用户配置"→"Windows 设置"→"Internet Explorer 维护"→"URL"分支，然后在列表中双击"重要 URL"，如图 11-36 所示。

在弹出的"重要 URL"对话框中，选取"自定义主页 URL"复选框，并在其下的文本框中输入欲设为主页的 URL（如 http://www.163.com），再单击"确定"按钮，如图 11-37 所示。

图 11-36 用组策略设置"重要 URL"

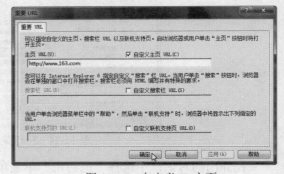

图 11-37 自定义 IE 主页

② 优化 Internet Explorer 属性。

通常情况下，IE 属性可通过 Internet 控制面板进行设置。若已设置好 IE 属性并且不希望被修改，则可用如下方法屏蔽"Internet 选项"对话框中的某些选项卡：

在"本地组策略编辑器"窗口的控制台树中，依次展开"用户配置"→"管理模板"→"Windows 组件"→Internet Explorer→"Internet 控制面板"分支，然后在列表中双击需优化的项目（如"禁用安全页"），如图 11-38 所示。

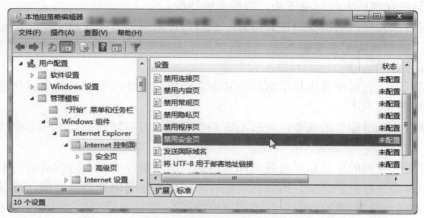

图 11-38　用组策略禁用安全页

在弹出的对话框中，选择"已启用"单选项，再单击"确定"按钮。

提示：在该分支中，可以对 Internet Explorer 的安全功能、菜单、工具栏等众多项目进行优化。

4. 硬件的定期保养与日常维护

计算机使用较长时间后，灰尘、碎屑等污物会在机身内、外部积淀，可能危及系统的正常运行。所以，定期对计算机硬件进行保养是非常必要的。但对于在质保期内的品牌机，建议不要自行打开机箱进行清洁，因为这样就意味着失去了保修的权利，可将其送到维修点处理。

1）准备清洁工具和养护用品

计算机硬件保养不需要太多工具，主要应准备十字螺丝刀、平口螺丝刀、吹风机、吹气囊和油漆刷（或者油画笔，普通毛笔容易脱毛不宜使用）。如果要清洁光驱内部，还需用到镜头拭纸、无水酒精、脱脂棉、镊子、缝纫机油等。其中油漆刷和吹气囊是必备工具，如图 11-39所示。

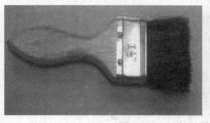

图 11-39　油漆刷和吹气囊

2）硬件养护操作注意事项

① 计算机板卡上的集成电路器件多采用 MOS 技术制造，这种半导体器件对静电高压很敏感。当带静电的人或物触及这些器件时，就会发生静电释放而产生高压，很可能损坏这些器件，因此在进行计算机硬件保养时要特别注意静电防护。常用的简易方法是：在操作前应先洗手，并触摸接地的金属物体以释放身上的静电，有条件者最好使用防静电手套。

② 操作时一定要轻拿轻放，特别是硬盘，如果失手掉落很容易造成内部物理损坏。

③ 拆卸时要注意各插接线（数据线、电源线、机箱面板到主板的连接线等）的方位，必要时可以将这些接线的方位记录下来，以便正确还原。

④ 固定各部件时，应确保对准其位置，然后再拧紧螺钉。尤其是主板，安装不平或位置略有偏差都可能导致适配卡接触不良，进而使其发生形变甚至短路，导致发生严重故障。

3）外部设备的清洁

（1）显示器。长时间使用显示器后，其表面会出现一些污垢。可断电后分别对外壳和显示屏进行清洁操作。

① 清理散热孔缝隙处的灰尘：用软毛刷顺着缝隙的方向轻轻扫动，并用吹气囊吹掉这些灰尘。

② 外壳变黑变黄的主要原因是灰尘和室内烟尘的污染，可用专门的清洁剂来擦拭。

③ 显示屏都带有保护涂层，所以在清洁时不能使用任何溶剂型清洁剂，可以采用眼镜布或镜头纸顺着同一个方向进行擦拭，并多次更换擦拭布面，防止已经沾有污垢的布面划伤涂层。如果显示屏上有油污，可以采用少量的开水湿润镜头纸来清洁。

④ 如果是液晶显示器，在清洁时可以先用毛刷或抹布轻轻地刷掉屏幕表层的灰尘，然后用镜头纸进行擦拭。抹布最好不用化纤布料而用棉布。

（2）鼠标和键盘。由于光电鼠标多采用密封设计，所以灰尘和污垢不会进入内部，主要是键盘的清洁保养。

清洁键盘时不能使用医用酒精，以免腐蚀塑料部件。清洁工作一定要在关机状态下进行，擦布不要过湿，以免水进入键盘内部。

① 将键盘倒置后轻拍，再用小毛刷清扫键盘缝隙，以清除落入键盘中的碎屑。

② 使用中性清洁剂或计算机专用清洁剂清除键盘上的顽固污渍，并用柔软干净的湿布擦洗并晾干键盘，再用棉签清洁键盘缝隙内的污垢。

（3）机箱外壳。机箱外壳上很容易附着灰尘和污垢。可以先用干布将浮尘清除掉，然后用沾了清洗剂的抹布蘸水擦掉顽渍，并用毛刷轻轻刷掉机箱后部各种接口表层的灰尘即可。

4）主机内部设备的清洁和保养

由于机箱并不是绝对密封的，所以一段时间后机箱内部就会积聚很多灰尘，这对计算机系统的运行非常不利。过多的灰尘会严重影响硬件散热，从而导致计算机故障，甚至造成烧毁硬件的严重后果。所以对主机内部的清洁、保养非常重要，应该定期进行（至少每半年一次）。其步骤为：

① 关闭计算机电源，并释放人体静电或戴上防静电手套。

② 按正确的顺序和方法将主机内的所有配件拆卸下来。

③ 用吹风机、油漆刷和吹气囊清除各配件表面、主机电源内部、主板扩展槽与接口、CPU和显卡的散热风扇与散热片等部位的灰尘。如果插槽内的金属接脚有油污，可用脱脂棉球沾一些专用清洁剂或无水乙醇清除。

④　若 CPU 和显示卡的散热风扇采用油封轴承且噪音较大,则应从其底部轴承处滴加润滑油。

⑤　将所有配件正确装回机箱。

5)计算机工作环境的检查与维护

虽然微型机对工作环境没有特殊的要求,在普通的办公室条件下就能使用。但为了确保计算机高效稳定地工作,也应定期检查其环境条件的变化,并采取相应的维护措施。

(1)温度。微型机在室温 10℃～40℃之间都能正常工作。若温度超出这个范围,则电子元器件的可靠性下降;温度太高还会影响机器散热,从而导致系统运行故障,甚至可能损坏硬件。在有条件的情况下,最好将计算机放置在有空调的房间内。

(2)湿度。微型机工作环境的相对湿度应为 30%～80%。湿度过高则电器件、线路板容易因受潮而生锈、腐蚀,导致接触不良或短路;湿度过低则可能引起静电积累,从而导致集成电路受损,内存或缓存区的信息丢失。因此,计算机工作室最好备有湿度调节设备。

(3)洁净度。应注意保持计算机工作室的干净、整洁。如果过多的灰尘附着在电路板上,会影响集成电路的散热,甚至引起短路故障。

(4)电网环境。微型机系统正常运行要求电网电压的波动范围为-20%～+10%(即 180V～240V)。如果电压太低,则计算机无法启动;电压过高,会造成硬件损坏。为了获得稳定的工作电压,可以为计算机工作室配备交流稳压设备。

为了防止突然断电,在要求较高的应用场合,可以为计算机装备不间断供电电源(UPS),以便断电后计算机能够继续工作一段时间,使操作人员有机会进行紧急处理。

此外,良好的接地系统能够减少电网供电及计算机本身产生的杂波和干扰,在出现闪电和瞬间高压时为故障电流提供回路,有效地保护计算机硬件安全,避免数据出错现象的发生。

(5)电磁干扰。计算机正在工作时,应避免附近发生强电设备的开关动作。因此,在机房内应尽量避免使用电磁炉、电视或其他强电设备,空调设备的供电系统与计算机供电系统应相互独立。

磁场对存储设备的影响较大,它可能引起内存信息丢失,导致磁盘上保存的数据被破坏;较强的磁场也会使显示器被磁化,导致显示器颜色不正常。

5. 软件的日常维护

计算机经过一定时间使用后,会安装很多应用软件,并在磁盘(尤其是系统分区)上产生大量垃圾文件和文件碎片,从而导致系统运行速度变慢。为此各版本的 Windows 均提供了相应的工具,方便用户进行软件卸载、磁盘清理和碎片整理工作,以提高系统的执行效率,并回收磁盘空间。

1)卸载不再使用的软件

对于不再使用的软件,应及时卸载以释放硬盘空间,并减轻注册表负担。正确的方法有两种:

(1)使用软件自带的卸载功能。有些应用软件本身提供了卸载程序,并会在安装时自动保存安装信息文件。对于这些应用软件,直接运行其自带的卸载程序即可。

(2)使用控制面板的“卸载程序”功能。这是最常用的软件卸载方法,其操作步骤如下:

①　在“控制面板”窗口中单击“卸载程序”,可打开“程序和功能”窗口;在列表中选择欲删除的应用程序,再单击“卸载”按钮,如图 11-40 所示。

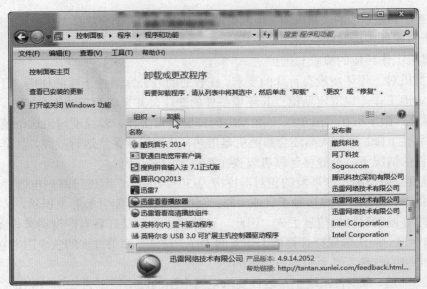

图 11-40　使用控制面板的"卸载程序"功能

② 若应用软件的安装文件夹仍在，则直接删除之。

2）清除垃圾文件

Windows 提供了磁盘清理工具，用于清除磁盘上的无用文件。其操作如下：

（1）打开"开始"菜单，依次执行"所有程序"→"附件"→"系统工具"→"磁盘清理"，打开"磁盘清理：驱动器选择"对话框；选择要清理的磁盘分区（如 E:），单击"确定"按钮，如图 11-41 所示。

（2）待搜索完毕出现"×××的磁盘清理"对话框后，在列表中选择要删除的文件，然后单击"确定"按钮，如图 11-42 所示。

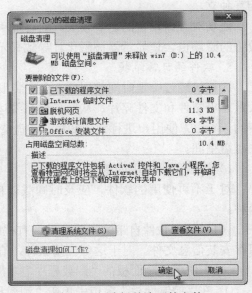

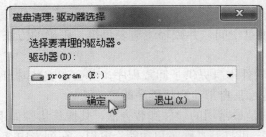

图 11-41　选择要清理的磁盘分区　　　　　　　图 11-42　选择并清理的文件

（3）弹出确认对话框，单击"是"，系统即开始进行清理，完成之后单击"确定"按钮。

3）磁盘文件碎片整理

碎片整理可提高文件读写速度，增大磁盘可用空间，但应注意以下事项：

（1）不宜频繁整理。整理碎片时硬盘会连续高速旋转，如果频繁进行磁盘碎片整理，可能导致硬盘寿命下降，因此建议一个月左右整理一次。

（2）在整理碎片前做好准备工作。在整理碎片前应该先对驱动器进行"磁盘错误扫描"，这样可以防止系统将某些文件误认为逻辑错误而造成文件丢失。

（3）最好在安全模式下进行。正常启动 Windows 会加载一些自动启动程序，这些程序可能会对磁盘进行读、写操作，从而影响碎片整理程序的运行。而在安全模式下运行磁盘碎片整理程序则不会受到任何干扰。

（4）整理期间不要进行数据读、写。碎片整理时硬盘长时间处于高速旋转状态，如果在此期间进行数据读、写，很可能导致计算机死机，甚至硬盘损坏。

（5）多系统下不要交叉整理。对于同时安装了多种操作系统版本的计算机，交叉进行碎片整理可能会造成文件移位、混乱甚至系统崩溃。

Windows 7 系统的碎片整理操作步骤如下：在"开始"菜单中依次执行"所有程序"→"附件"→"系统工具"→"磁盘碎片整理程序"，打开"磁盘碎片整理程序"窗口；在列表中选择磁盘分区（如 F:）之后，单击"磁盘碎片整理"按钮即可，如图 11-43 所示。

提示：为了减小碎片整理对硬盘寿命的影响，最好先执行"分析磁盘"操作，根据分析结果确定是否执行"磁盘碎片整理"。

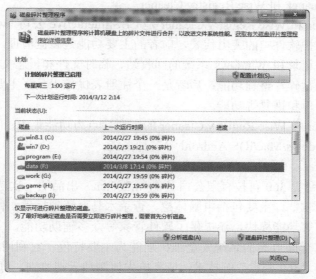

图 11-43 "磁盘碎片整理程序"窗口

6. 使用专业软件进行系统维护与优化

一些专业公司和爱好者推出了专门的系统优化和维护软件，如魔方电脑大师、Windows 优化大师、超级兔子、360 安全卫士、金山卫士、Wise Disk Cleaner 和 Wise Registry Cleaner 等。这些软件虽然功能、特点各异，但都界面简洁，操作方便，尤其适合普通用户使用。

1）魔方电脑大师

魔方电脑大师是青岛软媒公司（www.ruanmei.com）出品的全新一代系统优化维护软件，是国内用户量第一的 Vista 优化大师和 Windows 7 优化大师的升级换代产品，是世界首批通过微软 Windows 8 官方商店和 Windows 7 徽标认证的系统工具软件。魔方电脑大师完美支持 32 位和 64 位的 Windows XP/Windows Vista/Windows 7/Windows 8/Windows 8.1/Windows 2003/Windows 2008/Windows 2013 等所有主流 Windows 操作系统，提供优化、设置、清理、美化、安全、维护、修复、备份还原、文件处理、磁盘整理、系统软硬件信息查询、进程管理、服务管理等近千项功能。

魔方电脑大师的主要特点在于小巧快速，性能卓越，能够完美兼容 Windows 系统的各种版本，拥有数十项独创功能，运行稳定，安全可靠。

2）Windows 优化大师

Windows 优化大师是一款功能强大、操作简单的系统优化软件，它提供了系统检测、系统优化、系统清理、系统维护四大功能模块及若干附加工具，能够有效地帮助我们了解计算机的硬软件配置信息，简化操作系统设置步骤，提升计算机运行效率，清理系统垃圾，修复系统故障和安全漏洞等。Windows 优化大师是获得英特尔测试认证的全球软件合作伙伴之一，得到了英特尔在技术开发与资源平台上的支持，并针对英特尔多核处理器进行了全面的性能优化及兼容性改进。

Windows 优化大师的主要特色在于快速而有效的系统优化功能，包括桌面缓存优化、桌面菜单优化、文件系统优化、网络系统优化、开机速度优化、系统安全优化和后台服务优化等。

3）Wise Disk Cleaner 和 Wise Registry Cleaner

Wise Disk Cleaner 和 Wise Registry Cleaner 是 CBS Interactive 公司（www.wisecleaner.com）出品的一系列优化维护软件中的突出代表，前者的主要功能是磁盘清理，包括清除 IE 等浏览器的临时文件、历史记录和 Windows 系统的回收站、临时文件和日志文件等各种垃圾文件，并提供系统瘦身和磁盘碎片整理功能；后者是一个注册表优化工具，主要提供 Windows 注册表的清洁、整理、备份和恢复等功能。

Wise Disk Cleaner 和 Wise Registry Cleaner 的主要特点为功能集中，专业性强，操作简单，快速安全，支持 Windows/Mac/iOS/Android 等多种系统。

4）360 安全卫士

360 安全卫士是奇虎 360 科技有限公司（www.360.cn）出品的一款功能强大、实用性好、操作方便的系统维护软件，主要包括电脑体检、查杀木马、清理插件、修复漏洞、系统修复、电脑清理、优化加速等功能模块，还提供了软件管家等众多辅助功能。

360 安全卫士以全面可靠的系统安全维护功能为主要特色，它利用其独创的"多引擎扫描"、"木马防火墙"、"360 密盘"等技术，依靠抢先侦测和云端鉴别，可主动、智能地修复系统安全漏洞，拦截和查杀各类木马，保护用户的 IE 设置及账号、隐私等重要信息。

11.4　实训指导

1. 准备工作

1）硬件准备

（1）能正常启动进入 Windows 7 的计算机 20 台。

（2）每台计算机配置十字螺丝刀 1 把、软毛刷 1 支、吹气囊 1 个。

（3）缝纫机油 1 瓶。

2）软件准备

（1）魔方电脑大师：从官网（mofang.ithome.com）下载安装版或绿色版。

（2）Wise Disk Cleaner 和 Wise Registry Cleaner：从官网（www.wisecleaner.com）下载 Free 版。

（3）360 安全卫士：从官网（www.360.cn）下载离线安装包。

2. 操作过程

1）CPU 散热器维护

CPU 散热性能是影响计算机运行稳定性的重要因素。计算机使用一段时间之后，其 CPU 散热器上容易积累较多灰尘，这不仅直接影响散热效果，可能引起死机故障或 CPU 的损坏，而且会导致计算机运行时的噪音增加。其维护步骤如下：

（1）关闭计算机，并拔下其电源插头。

（2）打开机箱，拔出 CPU 散热器插头，并将其从主板上取出；再拧下散热风扇的固定螺丝或松开塑料卡扣，使其与散热片分离。

（3）用软毛刷和吹气囊将散热风扇和散热片中的灰尘清除干净。

（4）若散热风扇采用油封轴承，则撕开其底部中央的不干胶标贴，观察润滑油是否干涸。若发现润滑油已干，则滴注一小滴缝纫机油，然后将不干胶标贴仔细贴回，注意务必密封严实，以免油液漏出。

（5）装回 CPU 散热风扇，并插接好电源插头，开机测试。若无问题，则装回机箱盖。

2）以手工方式进行系统优化与维护

参照前述方法与操作步骤，对 Windows 7 系统进行如下优化和维护：

（1）禁用系统还原功能。

（2）将 Printer Spooler 和 Task Scheduler 这两种服务的启动方式设置为"手动"。

（3）将"我的文档"和 IE 临时文件夹转移至 E 盘（文件夹可自选或新建）。

（4）搜索并删除所有*.tmp、*.old 和*.bak 文件。

（5）利用组策略设置：将"运行"命令添加到"开始"菜单，将 IE 主页设置为 www.sohu.com。

3）使用魔方电脑大师进行系统优化

如果准备的是魔方电脑大师安装版，则双击该文件开始安装，完成后即可从"开始"菜单或 Windows 桌面运行之；若下载的是绿色版，则将其解压后执行其中的程序文件 pcmaster.exe 即可。

（1）进行电脑体检。

① 运行魔方电脑大师，打开其主窗口，单击"立即体检"按钮，即可对本机的账户设置、IE 主页、系统垃圾文件等进行全面检查，如图 11-44 所示。

② 体检完成后，会将结果分类逐条列出。对于发现的问题，可根据实际需要单击该项目后面的"忽略"、"立即设置"、"立即修改"、"立即清理"等按钮进行处理，或直接单击"一键处理"按钮自动全部解决，如图 11-45 所示。

图 11-44　运行"立即体检"功能

图 11-45　体检结果及问题处理

（2）执行清理功能。

① 单击魔方电脑大师主窗口下端的"清理大师"图标，打开"魔方清理大师"窗口，并进入"一键清理"界面（默认）；选取下方的"全选"复选框，再单击"开始扫描"按钮，即可搜索本机存在的系统垃圾和其他各种无用文件，如图 11-46 所示。

图 11-46　执行"一键清理"功能

② 扫描完成之后，窗口中自动列出搜索到的全部垃圾文件，单击"清理"按钮即可删除，如图 11-47 所示。

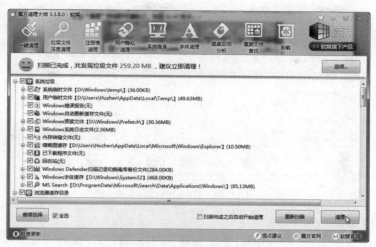

图 11-47 清理搜索到的垃圾文件

③ 参照上述步骤执行"垃圾文件深度清理"、"注册表清理"、"用户隐私清理"等功能。

（3）使用优化功能。

① 系统速度优化。

单击魔方电脑大师主窗口上边的"加速"按钮，切换到系统优化界面的"一键加速"界面，软件会按"可以禁止的启动项"、"系统加速"和"网络加速"分类列出可优化的项目；从中选取欲优化的项目，然后单击"一键优化"按钮即可，如图 11-48 所示。

图 11-48 优化启动项、系统速度和网络速度

单击切换到"开机启动项"界面，软件会将各"开机启动项"、"计划任务"和"服务项"的当前开启状态分别列出来，根据实际要求或"建议操作"对各项目右边的开关按钮进行相应设置即可，如图 11-49 所示。

图 11-49　优化开机启动项

② 系统界面优化。

单击魔方电脑大师主窗口下端的"美化大师"图标，打开"魔方美化大师"窗口，并进入"系统外观设置"界面（默认）；在左边导航区单击"桌面设置"，再在"桌面显示图标"区域中单击"IE 浏览器"旁边的开关按钮，使其状态变为"已显示"，然后单击"保存设置"按钮，如图 11-50 所示。

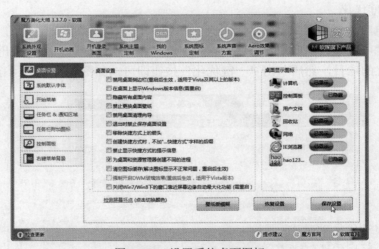

图 11-50　设置系统桌面图标

切换到"任务栏 & 通知区域"界面，在"任务栏设置"区域中选取"禁止用户调整任务栏大小"复选框，然后单击"保存设置"按钮，如图 11-51 所示。

根据自身需要进入"开始菜单"、"控制面板"等界面，对相关项目进行优化设置。

③ 网络性能优化。

单击魔方电脑大师主窗口下端的"设置大师"图标，打开"魔方设置大师"窗口，进入"网络设置"界面；在"网络设置"区域中选取"禁止系统自动搜索网络上的资源"复选框，然后单击"保存设置"按钮，如图 11-52 所示。

图 11-51　设置"禁止用户调整任务栏大小"

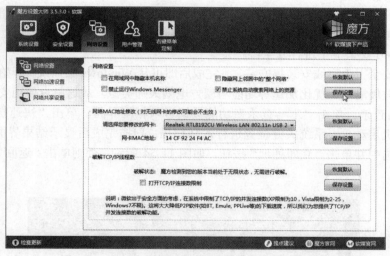

图 11-52　设置"禁止系统自动搜索网络上的资源"

　　切换到"网络加速设置"界面，在"选择您的上网方式"区域中选取"局域网或更高"复选框，执行"自动优化"后，再单击"保存设置"按钮；接着切换到"网络共享设置"界面，在"共享设置"区域中选取"禁止默认的管理共享及磁盘分区共享"、"限制 IPC$的远程默认共享"和"禁止进程间通讯 IPC$的空连接"复选框，然后单击"保存设置"按钮。

　　④ IE 属性优化。

　　依次单击魔方电脑大师主窗口上端的"功能大全"→"应用视图"→"IE 管理大师"图标，打开"IE 管理大师"窗口，进入"常规"界面（默认）；在"主页"区域的列表中，选择原有项目并单击"删除"按钮将其全部删除，再单击"添加"按钮设置主页为 http://www.nczy.edu.cn（或单击"最佳设置"按钮将主页设置为 http://www.hao123.com）；在"默认下载目录"文本框中输入 F:\MyDownLoad，然后单击"保存设置"按钮，如图 11-53 所示。

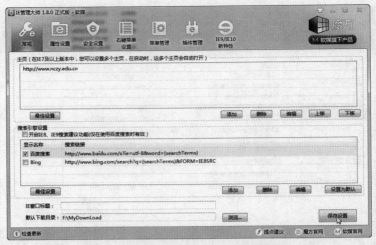

图 11-53   设置 IE 主页和默认下载目录

切换到"属性设置"界面，在"常规设置"区域中选取"打开地址栏自动完成功能"和"关闭 IE 时自动清理缓存文件"复选框，在"IE 外观设置"区域中选取"显示菜单栏"和"IE 窗口全屏浏览"复选框，然后单击"保存设置"按钮。

4）使用 360 安全卫士进行安全维护

双击 360 安全卫士离线安装包安装之，完成后即可从 Windows 桌面或"开始"菜单中运行。其电脑体检、垃圾清理、优化加速等功能与魔方电脑大师类似，故这里只使用安全维护功能。

（1）木马查杀。单击"木马查杀"功能按钮进入相应界面，单击"快速扫描"按钮，对系统内存、开机启动项、系统关键位置进行木马扫描；扫描完成后显示结果界面，若存在木马和危险项，则选中并单击"立即处理"按钮，如图 11-54 所示；否则单击"返回"按钮回到"木马查杀"界面。

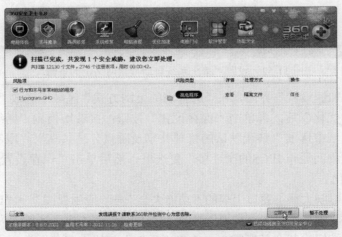

图 11-54   "木马查杀"扫描结果

提示："快速扫描"只扫描系统内存、开机启动项和系统关键位置，耗时较短；"全盘扫描"则对所有磁盘文件进行扫描，耗时很长；"自定义扫描"由用户指定需要扫描的磁盘位置。

（2）漏洞修复。单击"系统修复"功能按钮进入相应界面，再单击"漏洞修复"按钮，

360 安全卫士将自动进行系统漏洞检查；检查完毕以列表的方式显示结果，并自动选中必须修复的系统高危漏洞和重要的软件安全更新，单击"立即修复"按钮，即可自动下载并安装相应的补丁文件，如图 11-55 所示。若没有检测到需立即修复的高危漏洞，则单击"返回"按钮回到"系统修复"界面。

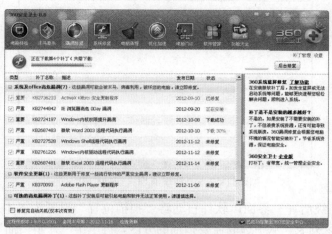

图 11-55　"漏洞修复"过程

　　（3）系统修复。单击"系统修复"功能按钮进入相应界面，再单击"常规修复"按钮，360 安全卫士将对常用的 IE 属性和系统设置进行检查；检查完毕以分类列表的方式显示结果，并自动选中"推荐修复的项目"；可根据需要选择"可选修复的项目"，再单击"立即修复"按钮即可，如图 11-56 所示。

图 11-56　"常规修复"扫描结果

　　5）使用 Wise Disk Cleaner 和 Wise Registry Cleaner 优化磁盘和注册表
　　分别双击下载的文件 WDCFree.exe 和 WRCFree.exe，按提示完成 Wise Disk Cleaner 和 Wise Registry Cleaner 的安装，即可从 Windows 桌面或"开始"菜单运行之。
　　（1）用 Wise Disk Cleaner 进行磁盘清洁及整理。
　　① 运行 Wise Disk Cleaner 打开其主窗口，在"常规清理"界面下端单击"全选"使其自

动选中所有项目，接着单击"开始扫描"按钮，即开始扫描垃圾文件和上网痕迹；扫描完成后
单击"开始清理"按钮即可，如图 11-57 所示。

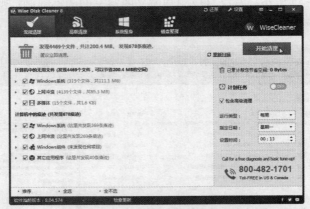

图 11-57　"常规清理"扫描结果

　　② 切换到"高级清理"界面，软件自动将"扫描位置"设置为"本地硬盘"，可单击下
拉按钮打开磁盘分区列表，从中选取需要扫描的分区，再单击"开始扫描"按钮，即对所选的
磁盘分区进行扫描；完成扫描后单击"开始清理"按钮即可，如图 11-58 所示。

图 11-58　"高级清理"扫描结果

　　③ 切换到"系统瘦身"界面，可在列表中选择删除不需用的输入法文件、Windows 帮助
文件、示例文件和壁纸；切换到"磁盘整理"界面，可选择部分或全部磁盘分区进行碎片整理。
　　（2）用 Wise Registry Cleaner 进行注册表清洁与整理
　　① 运行 Wise Registry Cleaner 打开其主窗口，在"注册表清理"界面单击"开始扫描"
按钮，即开始扫描注册表中的残余、无效、错误和不安全内容；扫描完成后单击"开始清理"
按钮即可，如图 11-59 所示。
　　② 切换到"注册表整理"界面，单击"开始分析"按钮，即开始对注册表的冗余情况进
行分析，此过程中屏幕会失去响应；分析完成后显示注册表可减少的体积，并提出是否进行整
理的建议。单击"开始整理"按钮即可整理、压缩注册表（如图 11-60 所示），完成之后自动
重启计算机。

图 11-59　"注册表清理"扫描结果

图 11-60　"注册表分析"结果

11.5　思考与练习

1．系统优化与日常维护各有何作用？

2．简述系统优化与日常维护的主要内容。

3．试述 CPU 超频的方法及其主要成功条件。

4．通常可从哪几个方面对内存进行优化？

5．举例说明显卡超频软件的分类情况。

6．Windows 系统的优化可从哪些方面进行？

7．为了减轻 Windows 系统分区的负担，可以进行哪些优化操作？

8．如何打开本地组策略编辑器窗口？

9．简述计算机硬件养护操作的注意事项。

10．简述文件碎片整理的注意事项。

项目实训 12　微机常见故障诊断与排除

12.1　实训目标

1. 了解计算机故障的分类；
2. 分析各类故障产生的主要原因；
3. 理解计算机故障排查的原则；
4. 掌握计算机故障检测的基本方法；
5. 熟悉计算机常见硬、软件故障现象及其排查步骤。

12.2　实训任务

1. 主板常见故障排查；
2. CPU 常见故障排查；
3. 内存常见故障排查；
4. 硬盘常见故障排查；
5. 显卡与显示器常见故障排查；
6. 局域网与 Internet 常见故障排查；
7. Windows 系统常见故障排查；
8. 应用软件常见故障排查。

12.3　相关知识

计算机由硬件和软件两个子系统组成，且硬件和软件各自包括多个部分，其质量良莠不齐，运行稳定性存在较大差异；部分计算机用户的知识水平和操作技能有限，缺乏日常维护能力，而且时常出现误操作；来自于 Internet 和其他途径的计算机病毒、木马和恶意程序防不胜防……凡此种种，都可能引发计算机故障。因此，学习有关计算机故障的知识，尽量避免人为故障的产生，已经是广大用户无法回避的课题；而预防、检测和排除计算机故障，则成为了维护人员日常工作的重要内容。

1. 计算机故障的分类

1）机器故障和人为故障

机器故障是由于计算机硬件、软件本身的质量问题或运行环境的改变而引发的故障；人为故障则是因为用户操作不当或由计算机病毒、木马、恶意程序等引发的故障。

2）硬件故障与软件故障

（1）硬件故障。硬件故障是由于计算机各部件本身的质量问题、安装不当、磨损老化及错误操作等原因引发的故障。可以具体分为以下几种：

① 电路故障。如主板和硬盘的电路芯片损坏，驱动能力下降，电阻开路和电容断路等。

② 机械故障。如硬盘驱动器的机械部分、打印机的打印头部分等。

③ 接触不良。主要是扩展槽与接口卡之间、信号电缆插头与插座之间的接触，这类故障很多。

④ 介质故障。主要是硬盘的磁道有划伤，光盘上有划痕、油污等。

（2）软件故障。软件故障是因为软件安装不当、计算机病毒感染、软件版本不符和应用软件执行错误等问题引发的故障。其主要表现如下：

① 死机。在系统启动或应用软件执行过程中，停止在某一处不动，不接收键盘输入和鼠标操作，只有按 Reset 键或 Alt＋Ctrl＋Del 组合键才能重新启动计算机。计算机在工作过程中无故自动重启也属于死机现象。

② 输出异常。软件运行过程中，出现莫明其妙的结果，如屏幕显示乱码等。

③ 软件无法运行。执行应用软件出错，显示"内存不足"等提示信息。

④ 计算机运行速度变慢。软件运行变慢，打开网页速度变慢等。

2．计算机故障产生的主要原因

计算机故障现象可谓千奇百怪，其产生原因也是复杂多样的。下面分别介绍硬件故障和软件故障产生的主要原因。

1）硬件故障产生的主要原因

计算机硬件中的任何一个部件出了故障，都会影响其正常运行。大部分硬件故障是由接触不良、静电损坏、操作不当和机械磨损等原因造成的。归纳起来有：

（1）质量问题。硬件本身由于设计制造或选材用料等问题，使其工作稳定性较差或彻底损坏。

（2）灰尘太多。由于长期使用计算机，会在各个板卡的电路板上、CPU 及电源的散热风扇内积满灰尘，阻碍元器件散热，局部温度太高，烧坏元器件。

（3）温度过高。在炎热夏季，若计算机长时间连续使用，当环境温度超过 30℃ 时，机内的温度则会达到 50℃ 以上，这样的高温很容易损坏机器。

（4）静电损坏。计算机的大部分芯片都使用 CMOS 电路，若周围环境静电太高，则很容易损坏内部芯片。

（5）操作不当。在计算机开机工作状态下，若用户带电移动机器内部的连接电缆或带电插拔机内的插件板、PS/2 键盘鼠标等，则很容易损坏接口，甚至引起短路。

2）软件故障产生的主要原因

（1）软件版本与系统不符。如在新版操作系统环境下安装、使用老版本的驱动程序或应用软件，则可能发生死机或无法运行的现象。

（2）系统文件丢失：若安装或卸载某些软件时，由于软件自身的缺陷或操作失误，使操作系统的某些文件被覆盖或删除，则以后启动计算机加载系统时，会由于缺少文件而造成系统停止现象。

（3）注册表损坏。Windows 系统通过注册表管理整个系统的软、硬件资源，而注册表本身的安全保护措施较差，可能由于计算机病毒、黑客的攻击和用户操作不当等原因，造成注册表内容被改变，导致系统运行不正常。

（4）病毒感染。计算机系统遭受病毒感染后，会出现许多莫名其妙的现象，如速度变慢、内存不足、显示混乱等。

（5）软件本身不完善。如果是测试版的软件，则难免会存在 Bug，甚至连 Windows 这样的操作系统软件，也存在许多漏洞。

3. 计算机故障排查的原则

在进行计算机故障排查时，除了掌握必需的原理知识，具备一定的逻辑分析能力和故障检测、处理经验外，还应遵循一定的原则，按照特定的步骤进行。

（1）先看后做。即先认真观察计算机的工作环境、硬件状态和软件安装等相关情况，并结合技术资料对观察到的情况进行判断、分析，初步确定故障发生的位置和原因，然后再动手实施排查操作。观察的具体内容为：

① 观察计算机工作环境。观察环境的温度、湿度、洁净程度；电源、其他高功率电器、电磁场状况；计算机及网络硬件的布局；安放计算机的台面是否稳固，周边设备是否存在变形、变色、异味等异常现象。

② 观察硬件状态。观察机箱内的清洁度、温湿度；部件的颜色、形状、气味、指示灯状态等；部件上的跳接线设置、部件或设备间的连接有无错误或错接、缺针、断针等现象。

③ 观察软件使用情况。观察应用软件与系统软件的版本兼容性；设备驱动程序版本与硬件和系统的匹配性；系统漏洞的修复情况；应用软件之间及与其他软、硬件间的冲突情况等。

提示：若出现大批量的相同或相似故障时，一定要对计算机工作的周边环境和相关设备进行仔细检查和记录，以找出引起故障的根本原因。

（2）先软后硬。由于处理软故障比硬故障更容易，所以计算机发生故障时，不要急于动手检查硬件，而应先从软件方面来分析故障原因。如果故障不能消除，再从硬件方面进行排查。其基本步骤为：

① 将 BIOS 设置为出厂状态；

② 查杀病毒、木马和恶意程序；

③ 调整电源管理；

④ 进行垃圾文件清理、碎片整理和介质扫描。

（3）先外后内。即按照从外设到主机、从大设备到小设备的顺序，逐步缩小查找范围，最终确定故障点。这是由于外设故障往往易于发现和排除，因此可根据系统报错信息进行故障排查，先确定故障发生的配件范围，然后查看电源的插接、信号线的连接是否正确，再排除其他故障；最后检查主机，直至准确确定故障源。

（4）先简单后复杂。在排查计算机故障时，应先解决那些现象明显、原因简单、排除容易的故障，然后处理原因复杂、处理困难的故障。

（5）先一般后特殊。在遇到计算机故障时，应先考虑最易引起故障的原因，然后再从另外的角度去分析。如：显示器突然黑屏，应首先检查其电源线和数据线是否松动或脱落，否定这种可能性之后，再去查找其他问题。

（6）分清主次。在计算机故障排查过程中要抓"主要矛盾"。有时可能发现一台计算机出现两种或更多的故障现象（如启动过程中无显示，但能启动完成，然后又死机），在这种情况下，应该先判断、检修主要故障，再处理次要故障。可能随着主要故障的排除，次要故障现象也会自动消失。

4. 计算机故障检测的方法

在理解计算机故障机理的基础上，掌握正确的分析思路、检测方法和处理技巧，可在计算机故障处理工作中收到事半功倍的效果。常用的计算机故障检测方法如下：

1）观察法

观察法是进行计算机故障判断是常用的方法之一。计算机出现故障时会有一定的表现，通过观察计算机发生故障时的现象，就可以推断出故障的位置，然后进一步分析故障原因，找到解决办法。观察法的要诀可总结为"看、听、闻、摸"4 个字。

（1）看。"看"就是看故障现象，其关键在于仔细，否则很难发现问题所在。主要看如下几个方面：

① 计算机的工作环境和计算机部件的安装情况；

② 主机内各个板卡的插头、插座是否歪斜；

③ 是否有杂物掉入电路板的元件之间，板卡、元件上是否有氧化或腐蚀痕迹；

④ 各元件的电阻、电容引脚是否相碰或断裂、歪斜；

⑤ 主板表面有否烧焦痕迹，PCB（印刷电路板）上的铜箔是否断裂，芯片表面是否开裂。

（2）听。发生某些故障时，计算机会发出异常的声音。"听"就是听计算机工作时的声音是否正常，听计算机的报警、风扇转动、驱动器旋转的声音是否正常，有无杂音或明显的噪音出现。

当内存、显卡、键盘等设备损坏时，主机喇叭会发出不同的报警声；电路发生短路故障时一般都伴随着异常响动。"听"可以及时发现一些故障隐患，以便在故障发生前采取防范措施。

（3）闻。"闻"是闻计算机工作时是否有烧焦的气味。若有，则说明某个电子器件已被烧毁，需尽快找出故障源予以排除；有经验的维护人员通过闻即能辨别某些配件的工作温度过高，提前采取措施预防故障的产生。

（4）摸。"摸"主要是触摸或靠近计算机的元器件来感觉其状态的正常与否。通常触摸如下部位：

① 各个板卡和芯片、插座、接头，判断是否有松动或接触不良的情况；

② 在计算机运行时触摸或靠近 CPU、显卡、主板控制芯片、硬盘，判断散热风扇是否转动正常，这些部件的温度是否过高。

2）清洁法

计算机中灰尘过多会影响各部件的散热，并可能导致接触不良，引起死机等多种故障。因此，除尘也是计算机故障检测的重要手段之一。应主要从下列几个方面进行清洁：

① 风道和散热风扇；

② 插头、插座、插槽和板卡的金手指部分；

③ 大规模集成电路、元器件的引脚。

3）最小系统法

最小系统法是从维修的角度保留计算机能够开机或运行的最基本硬件和软件环境,将其他硬件和软件从系统中去除，然后加电测试最小系统能否正常开机或运行。最小系统有两种形式：

（1）硬件最小系统。由电源、主板和 CPU 组成。在这个系统中，没有任何信号线的连接，只能通过声音来判断这些核心部件是否能够正常工作。

（2）软件最小系统。由电源、主板、CPU、内存、显卡/显示器、硬盘和键盘组成。这个最小系统主要用来判断系统是否可完成正常的启动与运行。

应用最小系统法时，首先对最小系统加电测试，如果系统无反应或发出报警声，说明故障发生在组成最小系统的某个部件上；否则表明这些部件工作正常，然后可逐步向系统中加入其他配件来扩大系统，并且每加入一个部件都重启系统进行观察，若加入某个配件后计算机变得不正常，则说明该配件可能存在问题，接下来应对其进行重点检测。

4）重新拔插法

不少故障是因为板卡、芯片或线缆插接不紧，导致接触不良而产生的，所以可将这些部件拔出，重新正确插接紧实即可排除故障，这就是重新拔插法。在应用该方法时应注意：

（1）不要带电操作。应先关闭计算机电源，再进行拔插操作，否则可能烧毁配件。

（2）用力均匀。只要用力均匀、方法得当，则拔插时并不需要费很大力气，用力过猛反而可能损坏配件或接口。

5）替换法

替换法是将型号相同或相近、功能相同的配件交换使用，根据故障现象的变化情况来确定故障所在的部位。替换法是最常用的故障定位方法之一，适用于易于拆卸的硬件设备。替换法包括两种具体方法：

（1）用疑似有故障的配件替换正常计算机中的相应配件，若此机仍能正常工作，说明该配件无问题，否则即表明该配件可能存在故障。

（2）将另一正常计算机中的相应配件替换到故障机，若该机恢复正常则说明原配件出现了故障；否则表明故障不在原配件上，可能是其他配件出现了问题。

提示：若没有正常计算机可供替换测试，则可将疑似有故障的部件拔出安装到同功能的另一接口（如将内存条插入另一个内存插槽），然后重启计算机，观察故障现象是否发生变化。

6）比较法

比较法是在同一工作环境中同时运行两台软、硬件配置基本一致的计算机，通过对比进行故障定位。

7）软件调试法

软件调试法是利用各种手段对计算机故障进行定位并排查。具体内容包括：

（1）系统修复。主要是设置操作系统的启动文件、系统配置参数，恢复组件文件（.dll、.vxd等），修复硬盘主引导记录等；

（2）系统启动项目设置。运行系统配置实用程序 msconfig，有选择地加载启动项目，以便逐步查找问题所在；

（3）更新设备驱动程序。解决设备驱动程序版本与系统匹配、旧版本驱动程序中的 Bug 等问题，从而排除计算机中硬件设备的运行故障；

（4）磁盘清理。检查硬盘分区表和文件错误，清除垃圾，磁盘表面扫描等，有助于查找和纠正系统与应用软件的运行故障；

（5）BIOS 设置和升级。将计算机的 BIOS 设置恢复到出厂状态，或将其升级到新版本，可消除系统运行不稳定及某些硬件兼容性故障；

（6）重装系统。对硬件重新分区和格式化，再重新安装操作系统、硬件驱动程序和各种应用软件，是解决某些软件故障（如系统运行错误、硬件工作不正常、病毒感染等）的有效方法。

5. 计算机故障排查所需工具

1）拆机工具

必备工具为一把带磁性的十字螺丝刀，辅助工具为平口螺丝刀、镊子和尖嘴钳等。

2）故障诊断和排除工具

（1）故障检测工具。

① 主板故障诊断卡：诊断卡又称 Debug 卡，是计算机故障诊断的主要工具。它利用主板 BIOS 内部自检程序的检测结果，将故障代码用数码管显示出来；维修人员通过 Debug 卡附送的代码含义速查表，即可确定故障所在位置。在计算机发生无显示且无报警声的故障时，使用 Debug 卡更能收到事半功倍的效果。

② 万用表：万用表主要用于检测电路及电路中的配件，如检测电路中的电流，元器件两端的电压、电阻等，以便及时定位故障源。万用表分为数字万用表和模拟万用表两类，前者读取速度快，检测结果直观，但在高频电路中误差较大；后者的精确度较高，但读取速度慢，需要自己分析、判断测试结果。

（2）清洁工具。必备工具是软毛刷和吹气球（洗耳球），辅助工具为吹风机、酒精和脱脂棉。

（3）故障排除工具。导热硅脂和缝纫机油：用于解决 CPU 和散热器故障。

（4）软件维护工具。

① 系统启动安装盘：用于在系统无法启动或硬盘感染病毒时启动计算机，并重装操作系统。目前一般用光盘或 U 盘制作。

② 硬件驱动程序：通常在重装操作系统之后即需安装硬件驱动程序，主要包括主板控制芯片组、显示卡、声卡和网卡的驱动程序。

③ 病毒查杀软件：用于检测和清除计算机病毒，目前常用的有 360 杀毒、卡巴斯基等。

④ 常用工具软件：用于文件解压缩、硬盘分区、系统备份、系统优化和维护，常用的有 7-Zip、WinRAR、DiskGenius、Acronis Disk Director、Ghost、360 安全卫士、魔方电脑大师等。

6. 计算机故障分类排查

1）常见死机原因及预防

从原理上讲，计算机死机的原因离不开硬件和软件这两大因素。从硬件方面看，硬件质量问题或其他不稳定因素使得系统检测不到相应的设备，从而造成空的输入响应而形成死循环就会造成死机；从软件方面看，系统在调用.dll（动态链接数据库）文件时出现问题，即 DLL 文件找不到预先指定的输出设备，或者该 DLL 文件不能装载到指定的内存位置时也可能引起死机。引起死机现象的具体原因主要有：

（1）散热不良。电子元件的主要成分是硅，其工作状态受温度影响很大。当温度超高时，其表面将发生电子迁移现象，从而改变当前工作状态。显示器、电源和 CPU 在工作中发热量非常大，因此必须保持良好的通风、散热效果。

（2）灰尘过多。计算机内灰尘过多既影响散热，也可能导致接触不良，从而引起死机故障。

（3）移动不当。若计算机在移动过程中受到很大振动，则可能导致接触不良，甚至造成硬盘物理损坏，进而引发死机故障。

（4）接触不良。内存条、显卡插接不紧，硬盘数据电缆松动等，都可能导致死机。

（5）超频过度。CPU、显卡等部件超频幅度太大，使其自身或系统总线的工作频率过高，很可能导致计算机运行不稳定而死机。

（6）设备不匹配。如主板、内存与 CPU 频率不匹配，则不能保证系统运行的稳定性。

（7）软硬件不兼容。硬件之间（如显示卡与主板）、软件之间及软、硬件之间若存在兼容性问题，也会出现死机现象。

（8）磁盘文件故障。硬盘老化或由于使用不当而产生坏道、坏扇区，使得其中数据无法正常读取；系统分区的可用空间太小，垃圾文件或注册表垃圾太多，都可能导致死机。

（9）设置不当。包括 BIOS 中的硬件参数设置和系统中的软件设置。尤其是每种硬件有自己特定的工作环境条件，设置时不可随便超越其极限，否则就会因为硬件达不到设置要求而造成死机。对此通常将 BIOS 恢复为默认值即可解决问题。

（10）软件或硬件冲突。冲突通常包括硬件冲突和软件冲突两方面。硬件冲突主要指中断冲突，最常见的是声卡和网卡的冲突。同样，软件也存在冲突的情况，当同时运行多个软件时，很可能调用同一个 DLL 或使用同一段物理地址，从而发生冲突。此时系统无法判断该优先处理哪个请求，从而造成紊乱而导致死机。

（11）硬件质量及 Bug。硬件质量良莠不齐，一些小品牌的产品往往没经过合格检验就投放市场，经常造成死机现象。这种质量问题可能是非常隐蔽的，不容易看出。还有的硬件故障是因为使用时间太久而产生的，一般来说，内存条、CPU 和硬盘等在使用 3 年后可能出现隐蔽死机的问题。此外，硬件本身的 Bug 也是造成死机的重要原因。

（12）错误操作。初级用户的一些错误操作也会造成死机，如热插拔硬件，在计算机工作过程中制造较大震动，随意删除文件，运行不为硬件所支持的软件等，都可能造成死机。

（13）系统文件被破坏。若病毒、黑客程序破坏或初级用户误删除了在系统启动或运行时起关键支撑作用的文件（如注册表文件），则整个系统将无法正常运行，死机也就在所难免。对此应该在计算机中安装杀毒软件和防火墙软件，并通过学习掌握相关知识以减少误操作。

（14）动态链接库文件（DLL）丢失。在 Windows 系统中，可能会有多个软件在运行时需要调用同一个 DLL 文件；删除某个应用软件时，也可能删掉还会被其他软件使用的 DLL 文件。如果丢失的 DLL 文件是重要的核心文件，则会引起死机甚至系统崩溃。一般建议用工具软件（如魔方电脑大师）对无用的 DLL 文件进行删除，以免产生误操作。

（15）资源耗尽。一种情况是执行了错误的程序或代码，使系统形成了死循环，于是有限的资源被无穷无尽的重复处理耗尽而导致死机；另一种可能是同时运行了太多的程序，因资源不足而出现死机现象。

针对上述原因，预防死机故障的主要措施为：

（1）选购质量可靠、兼容性好的硬件和软件；

（2）牢固安装、合理设置和正确使用计算机；

（3）安装、使用反病毒软件或防火墙软件保护系统安全；

（4）定期进行除尘、磁盘清理等维护工作。

另外，正确安装必要的设备驱动程序和各种系统补丁，也可以增强系统运行的稳定性。

2）加电类故障诊断及排除

加电类故障是指计算机从通电（或复位）到完成自检这一阶段所发生的故障。

（1）故障现象。

① 主机不通电（如电源风扇不转或一转即停），有时不能加电，开机掉闸，机箱带电等。

② 开机无显示，开机报警。

③ 自检报错或死机，自检结果显示的配置与实际不符等。

④ 反复自动重启。

⑤ 不能进入 BIOS 设置界面，刷新 BIOS 后死机或报错，CMOS 掉电，系统时钟不准。

这些故障可能涉及的环境或部件有：交流电源；主机电源、主板、CPU、内存、显卡、其他板卡；BIOS 设置；主机开关及线缆、复位按钮及接线等。

（2）故障诊断。

专业维修人员在诊断时需要使用一些专业设备，如 POST`卡、万用表、试电笔等。加电类故障的检测流程如图 12-1 所示。

图 12-1　加电类故障检测流程图

（3）检测要点。

① 若计算机的供电通过了稳压设备，需注意稳压设备是否完好，是否与计算机的电源兼容。

② 对于电源加电即停的情况，应首先判断电源空载或看它在其他机器上能否正常工作。

③ 用万用表检查输出的各路电压值是否在规定范围内。

④ 在接有负载的情况下，用万用表检查输出电源的波动范围是否超出允许范围。

⑤ 在开机无显示时，用 POST 卡检查硬件最小系统中的部件是否正常。对于 POST 卡所显示的代码，应检查与之相关的所有部件（如：显示的代码与内存有关，就应检查主板和内存）。

⑥ 在硬件最小系统中，检查有无报警声。若无，检查的重点应放在最小系统部件上。当硬件最小系统有报警声时，要求插入无故障的内存和显卡（集成显卡除外），若此时无报警声但有显示或自检完成的声音，证明硬件最小系统部件基本无故障；否则，应主要检查主板。

⑦ 在硬件最小系统部件经 POST 卡检查确认正常后，再逐步加入其他设备，以查找其中有问题的部件。

⑧ 检查 BIOS 设置（如磁盘参数、内存类型、CPU 参数、显示类型、警告温度等）是否与实际配置不符，或根据需要更新 BIOS 程序。

例如，一台计算机开机即不停地发出长声响报警，则可根据报警声对故障进行定位。但要先弄清楚主板所采用的 BIOS 类型，因为不同的 BIOS 报警声含义不同。由于无法开机，不能从屏幕显示中查看 BIOS 的类型，所以应该参看主板说明书获知该信息。

根据"Award BIOS 的报警声及其含义"，如果出现不断的长声响报警，表明问题出现在内存条上。拔出计算机中的内存条，换上一条与其同类型的内存后，一般可以解决问题。内存条出现故障，通常是因为内存条与主板内存插槽接触不良，只要用橡皮擦来回擦拭其金手指部位即可解决。当然，内存条损坏或主板内存插槽有问题也会造成此类故障。此外，主机内的灰尘太多同样可能引起这样的问题。

3）显示类故障诊断与排除

显示类故障不仅是由显示设备（主要为显卡和显示器）所引起的故障，还包含由其他问题所引起的显示不正常现象，维修时应进行观察和判断。

（1）故障现象。

① 显示器有时或经常不能加电。

② 开机无显示。

③ 显示器有异味或有声音。

④ 显示偏色、抖动或滚动、发虚、花屏等。

⑤ 亮度或对比度不可调节或可调范围小，屏幕大小或位置不可调节或可调范围较小。

⑥ 在某些应用或配置下花屏、发暗（甚至黑屏）、重影、死机等。

⑦ 屏幕参数不能设置或修改。

⑧ 休眠唤醒后显示异常。

引起这些故障的主要部件为显示器、显卡及其设置，也可能与主板、内存、电源及其他部件相关。此外还要特别注意计算机周边的其他设备及地磁的干扰。

（2）故障诊断。

维修前应首先检查显卡驱动程序，注意其与显示芯片和操作系统的兼容性。应该为其安装厂商提供的驱动程序，或者将其升级为最新的正式版本，尽量避免使用测试版本。显示类故障检测流程如图 12-2 所示。

检查市电输入
- 检查主机电源线插头是否正确插接到市电插座
- 检查供电线路上是否接有漏电保护装置
- 检查市电的接线定义是否正确
- 检查市电的供电电压是否在 220V±10%的范围内，功率是否稳定

检查连接
- 检查显示器电源线插头是否插入市电插座
- 检查显示器与主机的连接是否正确、牢靠
- 检查是否正确安装接地线

检查主机以及周边环境
- 检查环境温度、湿度是否适宜
- 检查显卡的接口板、元件是否有变形、变色现象
- 用橡皮擦或酒精擦拭显示卡金手指部分后重装显示卡
- 检查显示器周边是否有电磁干扰
- 改变显示器方向和位置，尝试解决偏色故障
- 加电观察显示器是否产生异味、异响、冒烟等现象

其他注意事项
- 主机加电后若有正常自检和运行动作，则应重点检查显卡和显示器
- 断电 3 分钟之后才能搬动显示器

图 12-2 显示类故障检测流程

（3）检测要点。

① 调节显示器的 OSD 选项使其恢复出厂状态，观察故障是否消失。

② 显示器设置是否超出了其技术指标极限。新显示器刚使用时有异味，显示器加电时由于消磁而出现响声、屏幕抖动等，这些都属正常现象。

③ 通过更换不同型号的显卡或显示器，检查它们之间是否存在匹配问题。

④ 使用 Dxdiag.exe 命令检查显示系统是否有故障。

⑤ 在设备管理器中检查显卡是否与其他设备存在资源冲突，是否存在其他软、硬件冲突。

⑥ 显示属性（监示器类型、刷新频率、分辨率和颜色深度等）设置是否恰当。

⑦ 显卡的技术规格或显示驱动的功能是否支持应用的需要。

⑧ 更换其他硬件尝试能否消除显示故障。

例如，某计算机设置屏幕分辨率和颜色后，要求重新启动。但重启后，一个屏幕变成了 4 个屏幕，鼠标也有 4 个指针，每个屏幕上都有许多白色的竖线，很难看清屏幕上的内容。这是显示属性设置不当引起的故障。一般更改了分辨率后，应该有一个预览过程，即先显示修改后的效果，然后询问是否保留新的修改，这样就基本上避免了上述现象的发生。

解决方法为：在开机装载 Windows 时按 F8 键，选择 Save Mode，以安全模式进入 Windows 后重新设置分辨率。

4）外部存储器故障诊断与排除

外部存储器包括硬盘、光驱、闪存盘等，而主板、内存等部件也可能因访问外存而发生故障。

（1）故障现象。

① 硬盘常见故障。

计算机 BIOS 无法识别硬盘。

计算机启动时，显示 "Device Error, Non System Disk or Error, Replace And Strike Any Key When Ready" 错误。

计算机启动时，系统停留很长时间不动，最后显示 HDD Controller Failure 的错误提示。

计算机启动时，显示 Invalid Partition Table 错误信息，系统无法启动。

计算机启动时，显示 No ROM Basic System Halted 错误提示，然后死机无法启动。

计算机异常死机。

正常使用计算机时频繁无故出现蓝屏死机现象。

② 光驱常见故障。

光驱舱门打不开。

光驱指示灯不亮，没有反应。

计算机检测不到光驱。

安装光驱后无法启动计算机。

光驱不读盘或挑盘。

系统中找不到光驱盘符。

经常刻录失败。

刻录软件找不到刻录机。

③ 闪存盘常见故障。

插入闪存盘后，计算机无反应，即没有检测到闪存盘。

闪存盘插入计算机后，显示 "无法识别的设备" 错误提示。

在 "我的电脑" 中双击闪存盘时，提示 "磁盘还没有格式化"。

打开闪存盘，显示的内容为乱码。

闪存盘存储文件出错。

外存故障的相关部件有硬盘、光驱及其数据线，闪存盘，主板上的磁盘接口、USB 接口，主机电源及其输出插头。

（2）故障产生原因。

① 硬盘常见故障产生原因。

供电电路损坏。

接口电路问题。

高速缓存损坏。

磁头芯片损坏。

电机驱动芯片问题。

盘片出现坏磁道。

分区表错误。

② 光驱常见故障产生原因。

激光头老化

激光头沾染灰尘太多。

电机损坏或其插针接触不良。

进出盒机械结构中的传动带松动打滑。

接口接触不良。

跳线设置不正确。

驱动丢失或损坏。

③ 闪存盘常见故障产生原因。

USB 接口接触不良或电路损坏。

闪存芯片接触不良或损坏。

时钟电路损坏。

供电电路损坏。

主控芯片引脚虚焊或损坏。

（3）故障诊断。

外存是计算机病毒和恶意程序感染的重灾区，因此在维修之前应该先进行病毒查、杀；外存的存储介质、控制芯片和接口也较易损坏，所以还需准备磁盘检测软件和数据线等。

① 硬盘故障检测流程如图 12-3 所示。

② 光驱故障检测流程如图 12-4 所示。

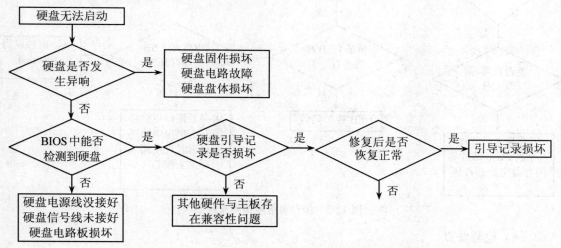

图 12-3　硬盘故障检测流程图

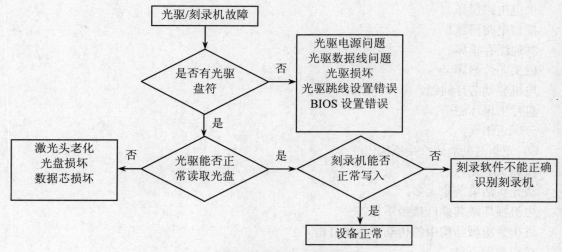

图 12-4　光驱故障检测流程图

③ 闪存盘故障检测流程如图 12-5 所示。

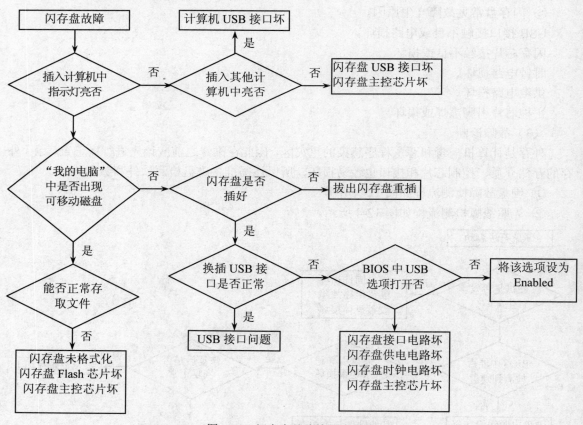

图 12-5　闪存盘故障检测流程图

（4）检测要点。

① 硬盘。

在软件最小系统下进行检测，可排除其他部件对硬盘访问的影响。

电源、数据线是否有问题，BIOS 中相关设置是否正确。

在 BIOS 设置中将 IDE 通道的传输模式设为"自动"，使硬盘能被系统正确识别。

所用主板能否支持硬盘的技术规格，如对大于 2TB 硬盘的支持，对高传输速率的支持等。

磁盘分区是否正常、是否激活、是否格式化，是否存在隐藏分区，系统文件是否存在等。必要时进行修复或初始化操作，或重新安装操作系统。

是否开启了不恰当的服务。特别要注意的是，ATA 驱动在有些应用下可能会出现异常，可尝试将其卸载后查看异常现象是否消除。

使用硬盘厂商提供的检测程序检查硬盘是否有坏道或其他故障。

提示：硬盘的标称容量是以 1000 为换算单位标注的，而格式化后的容量是按 1024 为换算单位显示的，所以格式化容量肯定会小于标称容量。

② 光驱。

用光驱替换软件最小系统中的硬盘进行检查判断，在必要时可移出机箱外进行检查。检查时，用可启动的光盘来启动，以初步检查光驱的故障。

对于光驱读盘能力差的故障，先考虑防病毒软件的影响，然后用随机光盘进行读盘检测，若故障相同，则要求经销商更换同品牌光驱，或送维修站维修。

设备管理器中的设置、IDE 通道的设置是否正确。必要时卸载光驱驱动并重启计算机，以便操作系统可以重新识别。

5）端口与外设故障诊断与排除

端口与外设故障主要指串并口、USB 接口、键盘、鼠标、打印机等设备的故障。

（1）故障现象。

① 键盘工作不正常，功能键不起作用。

② 鼠标工作不正常。

③ 不能打印或不能在某种操作系统下打印。

④ 串口通信错误（传输数据报错，丢数据，串口设备识别不到等）。

⑤ 使用 USB 设备不正常（无法识别 USB 存储设备，不能连接多个 USB 设备等）。

该类故障也可能与主板、电源、连接电缆、BIOS 设置等相关。

（2）故障诊断。诊断故障前，需要准备相应端口的短路环测试工具以及测试程序 QA、AMI 等（运行于 DOS）；还需相应端口使用的电缆线，如并口线、打印机线、串口线、USB 线等。故障检测流程为：

① 设备数据电缆接口是否与主机连接良好，针脚是否弯曲、短接等。

② USB 接口硬盘是否需要外接电源。

③ 连接端口及相关控制电路是否有变形、变色现象。

④ 外接设备的电缆与电源适配器是否与设备匹配。

⑤ 外接设备是否正确加电（自带电源或从主机信号端口取电）。

⑥ 在纯 DOS 下可否正常工作。如不能工作，应先检查线缆或更换外设。

⑦ 若外接设备有自检等功能，可先行检验其是否完好，或将外接设备接至其他机器检测。

（3）检测要点。

① 检测时尽可能简化系统，可先去掉无关的外设。

② 检查 BIOS 设置是否正确，端口是否打开，工作模式是否正确。

③ 更新 BIOS 程序，更换不同品牌或不同芯片组主板，测试是否存在兼容性问题。

④ 查看端口是否与系统中的其他设备存在资源冲突，外设驱动是否安装，其设备属性是否与外接设备相适应。

⑤ 尝试端口能否在 DOS 环境下使用，可通过连接外设或用端口检测工具检查。

⑥ 对于串、并口等端口，需使用相应端口的专用短路环，配以相应的检测程序（推荐使用 AMI）进行检查。如果检测出有错误，则应更换相应的硬件。

⑦ 检查设备及驱动程序是否正确安装，应优先使用设备自带的驱动程序或较新的正式版本。

⑧ USB 设备、驱动、应用软件的安装顺序是否严格按照使用说明进行。

6）局域网与 Internet 故障诊断与排除

局域网和 Internet 故障是指与网络环境（局域网和宽带网）相关的故障，例如不能拨号、不能浏览网页等。

（1）故障现象。

① 网卡不工作，指示灯状态不正确。

② 网络不通或个别机器不能上网，能 ping 通但不能连网，网络传输速度慢。

③ 数据传输错误，网络应用出错或死机等。

④ 网络工作正常，但在某一应用程序中不能使用网络。

⑤ 局域网中只能看见本机或个别计算机。

⑥ 网络有时候能连接，有时候不能连接。

⑦ 不能拨号，无拨号音，拨号有杂音，上网掉线。

⑧ 上网速度慢，不能浏览个别网页。

⑨ 上网时死机、蓝屏、报错等。

⑩ 能收邮件却不能发邮件。

网络故障可能涉及的部件有网卡、交换机（包括 Hub、路由器等）、网线、调制解调器、电话机、电话线、局端、主板、硬盘、电源等。

（2）故障诊断。在故障诊断之前，应首先确认网卡及其他网络设备已正确安装驱动程序，特别注意驱动程序与相应设备、操作系统的兼容性，是否是厂商发布的正式版本，是否通过 WHQL 认证等。

① 局域网类故障检测流程如图 12-6 所示。

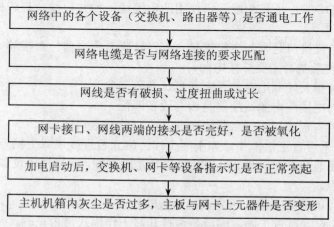

图 12-6　局域网故障检测流程图

② Internet 类故障检测流程如图 12-7 所示。

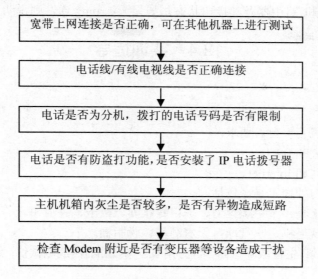

图 12-7　Internet 故障检测流程

（3）检测要点。

① 检查指定的域名是否存在或已工作，然后检查所用协议是否配置正确，网络中是否有计算机重名等。

② 只连接两台计算机组成对等网，检查是否可以上网。

③ 调低网卡工作速率，尝试网络是否恢复正常工作状态。

④ 如果通过"网上邻居"不能看到本地计算机或网络上的其他计算机，应先刷新几次，再检查是否安装并启用了文件和打印共享服务，是否添加了 NetBEUI 协议。

⑤ 若能 ping 通网络，但不能在"网上邻居"中访问其他终端或服务器，可用 ipconfig /all、netstat 等命令查看具体信息，检查网络属性的设置，并进行相应的更改；如果 ping 不通，则可尝试在"本地连接属性"对话框中删除所有的适配器和协议，重启计算机后重新安装它们。

⑥ 检查是否因访问某些网站，造成系统被篡改，可安装、使用其他浏览器尝试；并查、杀可能存在的病毒、木马和恶意程序。

⑦ 检查是否安装了防火墙，是否被授权访问，是否由于防病毒、防火墙之类的软件设置造成不能访问网络、浏览网页等问题。

⑧ 新建一个连接尝试拨号上网（最好不用用户的账号），检查是否能拨号，是否报错，注意查看错误信息，初步判断故障原因（如显示错误信息为 678，则是远程服务器没响应）。

⑨ 用诊断程序和网卡短路环检测网卡是否完好，若网卡无故障则进一步检测主板。

⑩ 联系电信/广电局或小区网管，检查网络环境或连接设备。

例如，某计算机在"网上邻居"中只能看到本地计算机，而看不到其他计算机。

解决方案：首先启用 Guest 账户，检查本地安全策略中的用户权利指派，查看"从网络访问此计算机"和"拒绝从网络访问这台计算机"是否出现在 Guest 账户或对应账户，然后根据不同情况添加或删除即可。如果不行，则可添加 NetBEUI 协议。

此外，可 ping 本地的 IP 地址或主机名，检查网卡和 IP 网络协议是否安装完好。如果能

ping 通，说明该计算机的网卡和网络协议设置都没有问题，问题出在计算机与网络的连接上，应当检查网线和交换机/路由器及其接口状态。如果无法 ping 通，则说明 TCP/IP 协议有问题。

12.4　实训指导

1．准备工作

1）硬件准备

（1）故障计算机若干台。要求：

① 硬、软件配置齐全；

② 连接到局域网和 Internet。

（2）故障检测与处理工具。包括：

① 拆机与装机工具：十字螺丝刀、平口螺丝刀、镊子、尖嘴钳。

② 清洁用具：软毛刷、吹气球；无水酒精、脱脂棉。

③ 故障排查工具：主板故障诊断卡、万用表；网线钳、网线测试仪；缝纫机油、导热硅脂。

2）软件准备

系统启动盘、Windows 系统安装盘、硬件设备驱动程序、WinRAR、DiskGenius、360 杀毒、360 安全卫士、魔方电脑大师。

2．操作过程

1）主板常见故障排查

（1）主板 BIOS 信息丢失。

① 故障现象。计算机每次开机或重启时，显示 CMOS Battery State Low、Press F1 To Continue，Del To Setup、CMOS checksum error - defaults loaded 之类的信息，然后停止不动。此时按 F1 键则计算机能够启动并正常运行，但计算机系统的日期和时间总是自动变慢。

② 故障诊断与排除。计算机系统的硬件参数及日期、时间等信息保存在主板 CMOS 芯片中，关机之后由主板上的一颗钮扣状电池负责为其供电。该电池是不可充电复用的，当其电量耗尽时就会导致 CMOS 芯片中保存的参数丢失，从而发生上述故障现象。

打开主机机箱，在主板上找到并取下旧电池，换上新电池即可。

（2）计算机开机困难。

① 故障现象。计算机偶尔能正常开机，更多时候需要反复多次按电源开关才能开机。

② 故障诊断与排除。出现这种现象的原因可能来自三个方面：主机电源故障，主板供电部分的电容爆浆，机箱电源开关或其到主板的插头接触不良。因此按如下步骤进行诊断：

更换主机电源，开机观察是否恢复正常。若是则故障源为主机电源。

检查机箱面板上的电源开关及其到主板的插头是否接触良好。可以从主板上拔下 Power SW 连线插头，小心地尝试直接用螺丝刀短接对应的两根插针，观察能否正常开机。若能则故障源为机箱上的电源开关或 Power SW 连线插头。

检测主板上（尤其是 CPU 供电部分）是否有多颗电容爆浆，若是则故障源为主板电容。

根据上述诊断结果，对应的解决办法分别为：更换或修理主机电源，修理机箱电源开关或 Power SW 连线插头，更换主板上已损坏的电容。

2）CPU 常见故障排查

（1）计算机频繁死机或自动重启。

① 故障现象。计算机开机工作一定时间之后，先是发出报警声，接着死机或自动重启，并且重启的间隔时间越来越短。

② 故障诊断与排除。这是非常典型的 CPU 散热不良引发的故障。随着计算机的不断运行，CPU 的温度逐渐升高，当达到 BIOS 中设置的警告温度时，计算机发出报警声；若温度继续升高，则发生死机或自动重启的现象。

导致 CPU 散热不良的原因很多，主要有：CPU 散热器及周边灰尘太多，CPU 散热风扇转速变慢或停止转动，CPU 散热风扇功率不足，散热片导热性能不佳，CPU 散热器安装不好等。相应的解决办法为：

CPU 散热风扇、散热片除尘；

在散热风扇的转轴处滴加润滑油（可用缝纫机油），在散热片底部涂抹一层导热硅脂；

更换功率足够的 CPU 散热器；

重新安装 CPU 散热器，确保安装平稳，并与 CPU 表面接触紧密。

（2）计算机超频后不能开机或工作不稳定。

① 故障现象。计算机开机时黑屏，主机无法启动；或运行短时间之后自动重启。

② 故障诊断与排除。这种现象很可能是由 CPU 超频过度引起的。目前一般采用提高外频的方法实现 CPU 超频，其结果不仅使 CPU 的工作频率超过了额定频率，而且由于系统总线频率的提高，也导致了内存、声卡等其他设备实际工作频率的提高，因此降低了硬件设备的工作稳定性，严重时就会无法开机。

由于计算机超频通常是在 BIOS 设置中调整 CPU 外频等参数实现的，所以只要将 BIOS 参数恢复为默认值，重新开机即可恢复正常。各种主板恢复 BIOS 默认值的方法主要有：

打开主机机箱，按一下主板上的 CMOS 清除按钮。

将主板后端的 CMOS 开关拨动到标注 Clear 的一端，片刻之后将其拨回原来的位置。

在主板上（可能在电池附近）找到 3 针的 CMOS 设置跳线，拔起跳线帽插接到标注 Clear 的两个跳线柱上，片刻之后将其插回原来的两个跳线柱。

取下主板上的电池，数小时之后装回电池。

3）内存常见故障排查

（1）计算机开机失败并发出报警声。

① 故障现象。计算机开机时，发出间隔较长的"嘀—嘀—嘀"报警声，系统无法启动，显示器黑屏。

② 故障诊断与排除。这是最为常见的计算机故障之一，在较旧的组装机中发生尤多。根据报警声即可将故障源锁定为内存，但目前内存芯片和内存条的设计、制造技术和工艺非常成熟，正规厂商生产的内存条质量可靠、故障率极低。所以，计算机内存故障通常表现为内存条与主板内存插槽接触不良，此外也可能出现主板内存插槽损坏的情况。

导致内存条接触不良的原因主要有：内存条插接不紧，内存条金手指氧化，内存条及其插槽灰尘太多，长时间热胀冷缩致使内存条自然松动等。据此可进行如下处理：

打开机箱，取出内存条；将内存条及其插槽上的灰尘清理干净，并用橡皮擦仔细擦拭内存条金手指，再将内存条插回主板的内存插槽中，注意一定要插接到位，确保插槽两端的卡子紧紧卡进内存条两端的凹口中；开机测试，若故障仍然存在，则将内存条换到其他插槽尝试，可多试几次。如果故障还未消失，则应更换内存条测试；若故障始终不能排除，则只能将主板送修，检查、更换内存插槽。

（2）计算机经常花屏或死机。

① 故障现象。采用集成显卡的计算机能开机运行，但经常花屏或死机。

② 故障诊断与排除。花屏故障通常与显卡、显卡驱动程序、显示属性设置及显示器调节有关，而集成显卡的显存是由系统内存充当的，因此内存问题也可能导致计算机花屏甚至死机。可按如下步骤进行诊断：

检查并合理设置分辨率，色深和刷新频率等显示参数；

下载、安装由生产厂商提供的与实际型号相符的正式版显卡驱动程序；

调节显示器下方的按钮改善显示效果；

打开机箱检查内存条，仔细观察其是否安装到位；如果安装了多条内存，应特别注意对比它们的品牌、RAM 芯片、频率、容量及其他指标参数是否相同。

如果确认故障由内存引起，则打开主机机箱，拔出内存条清理干净，再将其重新插入主板内存插槽；若存在不同内存条混用的情况，则应更换为完全相同的内存条，或只保留一条内存条，再开机测试，故障即可消失。

4）硬盘常见故障排查

（1）计算机检测不到硬盘。

① 故障现象。运行硬盘分区软件和安装操作系统时找不到硬盘，在 BIOS 设置界面中也未显示硬盘信息。

② 故障诊断与排除。这也是计算机的常见故障之一，其原因可能为：硬盘控制电路、硬盘电源接口或硬盘数据接口损坏，硬盘数据线损坏、插接错误或松动，硬盘电源线、插头损坏或插接不到位，硬盘跳线设置错误，主机电源供电故障，BIOS 设置错误等。可依次进行如下操作：

进入 BIOS 设置界面，恢复出厂默认值；

打开主机机箱，拔出硬盘电源插头和数据线重新正确插接，确保插接牢靠；

更换硬盘电源线和数据线；

若为 IDE 接口硬盘，且与其他硬盘或光驱用同一条数据线连接，则检查、纠正其跳线设置；

将硬盘送修，确认其控制电路、电源接口或数据接口故障并更换之。

完成上述每个步骤之后，开机测试故障是否消除。

（2）计算机无法从硬盘启动。

① 故障现象。计算机开机后屏幕有信息显示，但不能从硬盘启动进入操作系统界面。

② 故障诊断与排除。这类故障也比较常见，其原因主要有三个方面：系统未找到硬盘，硬盘分区表错误，引导扇区数据错误或未安装操作系统。具体诊断及处理步骤如下：

若屏幕信息为"Disk Boot Failure, Insert System Disk And Press Enter"，则是系统未检测到硬盘或硬盘上没有可执行的引导文件。应先将 BIOS 参数恢复为默认值，查看在 BIOS 设置界面中是否显示出硬盘信息，若是则排除了系统未找到硬盘的故障。

如果屏幕信息为 Invalid partition table、Invalid Drive Specification 或 Error loading Operation System，则应为硬盘分区表错误。这种错误既可由病毒破坏造成，也可能是用户误操作所致。因此可以从其他设备（光盘、闪存盘等）启动系统，对硬盘全盘杀毒，再用 DiskGenius（或其他硬盘分区软件）恢复硬盘分区表；若硬盘没有重要数据，也可直接将其重新分区。

若屏幕信息为"Not Found and [active partition] in HDD Disk Boot Failure, Insert System Disk And Press Enter"，则是硬盘没有设置活动分区，这种情况会导致硬盘上已安装的 Windows 系统无法启动。可运行 DiskGenius（或其他硬盘分区软件），将 C 盘设置为活动分区。

如果屏幕信息为 Miss Operation System、Non-system disk or disk error 和 Disk boot failure 等，则可能是引导扇区中的文件信息发生错误，或者还未在硬盘上安装操作系统。对于这种问题，一般重新安装操作系统即可。

5）显卡与显示器常见故障排查

（1）计算机开机失败，显示器无显示。

① 故障现象。计算机开机后主机和显示器的电源指示灯亮，但硬盘指示灯不亮，显示器无画面，且机箱喇叭发出短促的"嘀、嘀、嘀嘀……"报警声。

② 故障诊断与排除。根据指示灯状态和报警声，可以明确地将故障源定位于显卡。但显卡本身很少能被损坏，较易发生的情况是显卡接触不良，显卡供电不足，主板上的显卡插槽损坏等。其诊断处理步骤如下：

打开主机机箱，检查显卡是否需要外接电源。如果需要，但却没有连接外接电源，则从主机电源找到合适的输出插头，将其插入显卡的外接电源插座。开机测试故障是否消失。

拔出显卡，将显卡及主板上的对应扩展槽中的灰尘清理干净，并用橡皮擦仔细擦拭显卡的金手指部分。然后将显卡垂直插入主板扩展槽，注意要插接到底，使显卡的金手指部分完全落入插槽中，再用螺钉固定牢固。开机测试故障是否排除。

将显卡安装到正常的计算机中，若能正常开机工作，则可初步判定为本机主板上插接显卡的扩展槽损坏，否则应该是显卡损坏；再将正常的显卡安装到本机，若能正常开机工作，则可确定为显卡损坏，否则可确定为主板扩展槽损坏。

如果诊断结果为显卡或主板扩展槽损坏，则将其送修。

（2）显示画面颜色不正常。

① 故障现象。计算机主机运行正常，但显示的颜色不正常。

② 故障诊断与排除。这类故障一般与显卡驱动程序、显示属性设置和显卡到显示器的数据线连接有关。其检测与排除操作如下：

如果显示文字颜色正常，但显示图片颜色不正常，则重点检查系统的显示属性设置。确认显示器能够支持所设置的分辨率和刷新频率，并将色深设置为 32 位，再测试故障是否消除。

若分辨率、色深等参数不可调节，则应该是显卡驱动程序无效或没有安装。可从显卡包装盒或厂商网站获取对应型号的显卡驱动程序，并正确安装到本机系统中，再测试故障消失否。

如果无论显示什么内容都出现显示画面整体偏色的现象，这很可能是显卡与显示器之间的连接有问题。可从主机后端拔下显示器的数据线插头，检测其中是否有弯针、断针和几颗针挤到一起的情况，若有弯针和几颗针挤到一起的情况可纠正之，若有断针则需更换插头或整条数据线。完成之后将显示器数据线插头正确插入主机后端的显示输出接口，并拧紧固定螺丝，开机测试，故障应该不复存在。

6）局域网与 Internet 常见故障排查

（1）无线宽带局域网中的计算机无法访问 Internet。

① 故障现象。若干台式机和笔记本电脑用无线宽带路由器组成局域网，并通过 ADSL

Modem 连入电信宽带网络实现 Internet 访问。局域网内的台式机用双绞线连接到宽带路由器，笔记本电脑与宽带路由器则以无线方式连接。某日突然只有一台台式机能够上网，其余计算机都无法连入 Internet，但在局域网内所有计算机能够互访。

② 故障诊断与排除。局域网内计算机可互访，表明各计算机与无线宽带路由器之间的连接、IP 地址等网络参数都正常；而有一台计算机能上网，则说明 ADSL Modem 工作正常。由此可以确定，故障存在于宽带路由器设置或宽带路由器到 ADSL Modem 的连接上。操作步骤如下：

在能够上网的台式机中查看网络连接，发现该机在 Windows 系统中建立了一个拨号连接，该连接正确配置了已申请的电信 ADSL 宽带用户名和密码，通过它即可接入 Internet。再观察无法上网的计算机，发现它们都未建立拨号连接，而且之前进入系统后即可直接访问 Internet。由此推知，这些计算机是由宽带路由器实现自动拨号接入 Internet 的。

进入宽带路由器设置界面，检查 WAN 端口设置，发现醒目的警告信息"WAN 口未连接！"。

查看宽带路由器的 WAN 端口，果然发现该端口闲置未用，与 ADSL Modem 相连的双绞线却插到了 LAN 端口中。于是将该双绞线改插到 WAN 端口，故障消除。

（2）在 Windows 环境中用 IE 打开网页很慢。

① 故障现象。在 Windows 系统中运行其他软件正常；用 IE 显示网页内容时，不开新窗口则速度正常，若打开新窗口则需要等待较长时间。

② 故障诊断与排除。在 Windows 系统正常，IE 功能也基本正常的情况下，可能导致网页打开速度变慢的原因主要有：网速较慢，IE 插件过多或差评插件，IE 加载项影响，恶意程序，IE 临时文件所在磁盘分区剩余空间太小或文件碎片太多等。其诊断、处理步骤如下：

用 360 安全卫士进行插件清理和垃圾清理。

查看 IE 临时文件所在的磁盘分区（通常即 C 盘），若其剩余空间太小，则删除一部分文件或将其移动到其他分区，同时可卸载一些很少使用的软件，并可对该分区进行碎片整理。

打开"Internet 属性"对话框，切换到"程序"选项卡，单击"管理加载项"按钮，打开"管理加载项"对话框。在列表中选择可疑的加载项，再单击"禁用"按钮。

重新运行 IE，应发现故障已经排除。

7）Windows 系统常见故障排查

（1）运行软件时系统显示"内存不足"的错误信息。

① 故障现象。在 Windows 环境中不能运行某些应用软件，并显示"内存不足"的错误信息。

② 故障诊断与排除。这是 Windows 系统中经常发生的故障，其原因主要有：同时运行的程序太多，硬盘剩余空间太少，虚拟内存设置过小，运行的程序太大，计算机感染病毒等。其应对方法如下：

关闭不用的应用软件。

删除剪贴板中的内容：打开"剪贴板查看器"窗口，执行"编辑"下的"删除剪贴板内容"菜单命令。

释放系统资源：运行 Regedit，打开注册表编辑器，在左边窗格中找到 HKEY_LOCAL_MACHINE\SOFTWARE\Microsoft\Windows\CurrentVersion\Explorer 后，在右侧窗格中新建一个字符串值 AlwaysUnloadDLL，将其值设置为 1，关闭注册表编辑器。重启计算机，则系统自动关闭失去响应的程序，并卸载无用的 DLL 文件，以释放其占用的内存空间。

增大虚拟内存，使其容量为物理内存的 2～3 倍。

用干净的系统盘启动计算机，运行最新版本的杀毒软件对硬盘进行全盘查、杀。

（2）QQ 软件无法运行，提示"找不到 comres.dll 文件"。

① 故障现象。在 Windows 系统中运行了 360 杀毒软件后，无法运行 QQ 软件，显示错误信息"找不到 COMRes.dll，因此这个应用程序未能启动"。

② 故障诊断与排除。该类故障在 Windows 环境下也具有代表性，即应用软件运行时需调用的动态链接库（.dll）文件缺失。其产生原因主要为：被其他应用软件卸载，感染病毒，杀毒时被破坏，硬盘坏道等。其处理过程如下：

用干净的系统盘启动计算机，运行最新版本的杀毒软件查、杀硬盘病毒。

在 C:\WINDOWS\system32\dllcache 中查找 comres.dll 文件，若找到则将其复制到 C:\WINDOWS\system32 中，再运行 regsvr32 comres.dll 注册之。否则在 Windows 系统安装盘中搜索 comres.dll 文件，将其用 expand 命令解压后并复制到 C:\WINDOWS\system32，注册。

若在硬盘上未找到 comres.dll 文件，且无 Windows 系统安装盘，则可从专业网站（如 http://www.2dll.com）下载之，然后将其复制到 C:\WINDOWS\system32 并注册。

8）应用软件常见故障排查

（1）应用软件操作反应迟钝。

① 故障现象。计算机能正常启动进入 Windows 系统，但操作应用软件时响应很慢，有明显的延迟。

② 故障诊断与排除。引起这种故障的原因可能有：感染了计算机病毒，系统可用物理内存或虚拟内存空间太小，同时驻留了多个功能相似的安全防护程序等。可按如下步骤处理：

用干净的系统盘（光盘或 U 盘）启动计算机，对硬盘进行全盘病毒查、杀。

执行 winmsd.exe 文件打开"系统信息"窗口，查看可用物理内存是否太小；若是，则打开"系统属性"对话框，切换到"高级"选项卡，单击"性能"区域中的"设置"按钮，打开"性能选项"对话框，再切换到"高级"选项卡，单击"虚拟内存"区域中的"更改"按钮，打开的"虚拟内存"对话框，将虚拟内存容量设置到物理内存容量的 2～3 倍。

提示：可执行 Windows 优化大师的"内存整理"功能来代替本步骤，其操作更为简单。

检查是否在系统启动时自动加载并驻留了多个功能相似的安全防护程序，如系统中是否同时驻留 360 杀毒和江民杀毒软件的病毒监控程序、天网防火墙和瑞星防火墙等。若存在此类情况，则卸载多余的安全防护软件，只需保留杀毒软件和防火墙软件各一个即可。

（2）Windows 启动成功后显示"×××应用程序错误"信息。

① 故障现象。计算机启动进入 Windows 系统环境后，不久即弹出"KVSRVXP.EXE 应用程序错误，0x3f00d8d3 指令引用的 0x0000001c 内存，该内存不能为 read"的错误提示，但其他软件运行正常。

② 故障诊断与排除。kvsrvxp.exe 是江民杀毒软件的病毒监控进程，导致其运行异常的原因可能有：硬盘上的江民杀毒软件损坏或未安装好，该程序感染病毒，相关系统文件损坏，硬盘坏道使得文件不能正常读取等，其诊断及排除步骤如下：

用干净的系统盘启动计算机，运行最新版本的杀毒软件查、杀硬盘病毒。

运行 msconfig 打开"系统配置实用程序"，切换到"启动"选项卡，在"启动项目"列表中清除 kvsrvxp.exe 复选框，然后关闭对话框并重启计算机。若故障消失，则可确定为硬盘上的江民杀毒软件已损坏或未安装好。

卸载江民杀毒软件后重新安装即可。

12.5　思考与练习

1．简述机器故障和人为故障的概念。

2．何为硬件故障？它分为哪几种情况？

3．什么是软件故障？它主要有哪些表现？

4．简述计算机硬件故障产生的主要原因。

5．简述软件故障产生的主要原因。

6．进行计算机故障排查时应遵循哪些原则？

7．常用的计算机故障检测方法有哪些？

8．诊断和排除计算机故障一般需用哪些工具？